通信百科入门丛书

U0471215

量子通信

主　编：东　晨　吴田宜

编　者：王星宇　冉　阳

主　审：李　卫

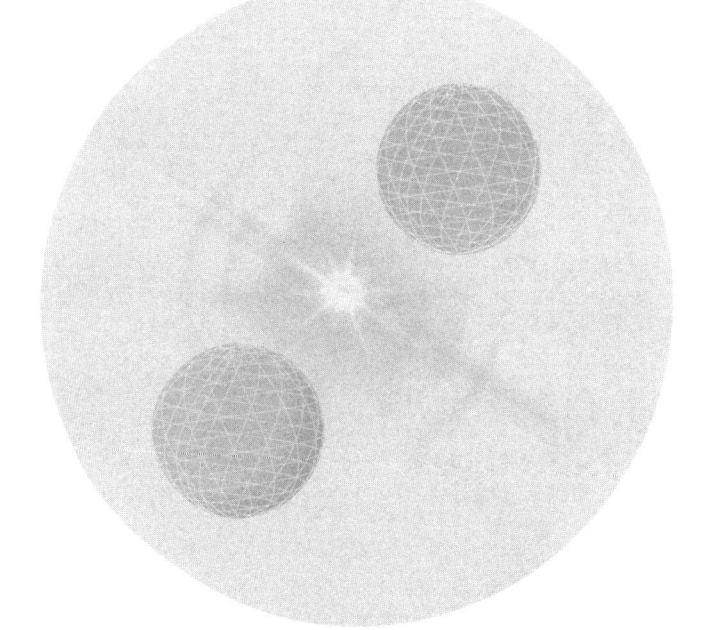

国防科技大学出版社

·长沙·

图书在版编目（CIP）数据

量子通信 / 东晨，吴田宜主编. -- 长沙：国防科技大学出版社，2025.3. --（通信百科入门丛书 / 何一，李卫总主编）. -- ISBN 978-7-5673-0674-5

Ⅰ. TN929.1

中国国家版本馆 CIP 数据核字第 2025YX8093 号

通信百科入门丛书

量子通信
LIANGZI TONGXIN

东　晨　吴田宜　主编

责任编辑：张思忆
责任校对：朱哲婧
出版发行：国防科技大学出版社
地　　址：长沙市开福区德雅路 109 号
邮政编码：410073　　　　电　话：(0731) 87028022
印　　制：国防科技大学印刷厂　开　本：850×1168　1/32
印　　张：3.75　　　　　　字　数：66 千字
版　　次：2025 年 3 月第 1 版　印　次：2025 年 3 月第 1 次
书　　号：ISBN 978-7-5673-0674-5
定　　价：26.00 元

版权所有　侵权必究
告读者：如发现本书有印装质量问题，请与出版社联系。
网址：https://www.nudt.edu.cn/press/

通信百科入门丛书

丛书主编

  何 一 李 卫

分册主编

《微波接力与散射通信》 吴广恩

《电台通信》 郭 勇

《光纤通信》 潘 青 车雅良

《卫星通信》 毛志杰 刘中伟

《量子通信》 东 晨 吴田宜

《电信交换》 王 凯 田八林

前　言

　　量子通信是一种将量子密钥与经典保密通信相结合的新型安全加密通信方式，提供了理论上无法被窃听和计算破解的安全性，近年得到越来越多研究人员的关注。编者在总结多年相关教学经验的基础上编写此书，以期服务于广大读者的学习和工作需要。

　　全书分为三部分，其中原理篇聚焦量子通信的发展政策、基础原理和基本协议，帮助读者快速了解量子通信；设备篇从量子密钥分发系统的组成出发，分别介绍了光纤信道和空间信道的量子通信系统和发展现状，便于读者从经典光通信融合的角度了解量子通信发展现状；测试题根据原理、协议和设备的相关知识精心编写，便于读者自我测试提高。本书可以作为通信专业的拓展科普读物，也可为从事通信工作的相关人员提供参考。

　　本书由东晨、吴田宜主编，王星宇、冉阳参与了编写工作，李卫指导本书的编写并审阅了全书。

由于时间仓促和编者水平有限,书中难免存在疏漏之处,敬请批评指正。

编　者
2024 年 9 月

目录 CONTENTS

1 原理篇

1. 量子通信国内外相关政策………（2）
2. 量子通信中的基础物理原理……（13）
3. 量子密钥分发及安全性…………（21）
4. 新型量子密钥分发协议…………（34）

2 设备篇

1. 量子密钥分发系统组成…………（46）
2. 基于光纤信道的量子保密通信网络………………………………（58）

I

3 基于自由空间信道的量子保密通信
　………………………………………（63）

3 测试题

1 基础物理原理及相关概念………（88）
2 量子密钥分发协议及安全性……（89）
3 量子通信系统组成及网络………（91）

参考答案 ………………………（94）

参考文献 ………………………（96）

原理篇

1

1 量子通信国内外相关政策

1. 传统密钥分发体制面临的挑战

信息安全的攻击与防御,密码系统的编码与破译,在相互制约又相互促进的矛盾中不断向前演进。信息安全的核心是密码系统,而一个密码系统的安全性不依赖于算法,只依赖于密钥的保密性。

现代密码系统的一般模型如图1所示。

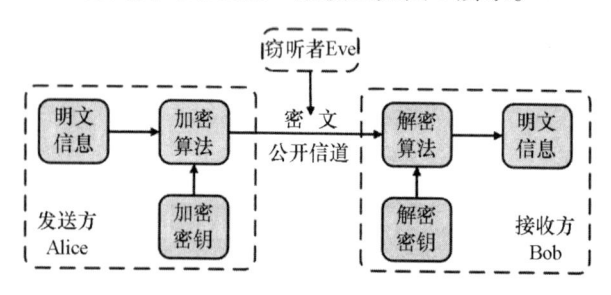

图1 现代密码系统的一般模型

现代密码系统运用的一般流程为:发送方 Alice 将准备发送的明文信息利用加密密钥按一定的加密算法进行加密,然后通过公开信道将密文发送给接收方 Bob,Bob 在接收到密文后根据相应的解密密钥和解密算法将密文还原成明文信息，完成一次安全通信过程。如果加密密钥和解密密钥是相同的或者是容易相互推出的，则称该密码系统为对称（私钥）密码系统。如果加密密钥和解密密钥是不同的或者相互之间很难推导，则称该密码系统为非对称（公钥）密码系统。

在对称密码系统中，通信双方需要在通信前共享大量的加密密钥和解密密钥，如何保证通信密钥的产生、传输、存储和管理的安全已经成为对称密码系统实际应用中的核心问题。虽然对称密码中的"一次一密"方案被证明是无条件安全的密码体制，但是在实际的"一次一密"对称密码体制中，通常是利用短密钥通过复杂的扩展算法加密长明文，采用主密钥、会话密钥等多层级密钥分发与管理体制。这种方案虽然可以在一定程度上缓解密钥分发的复杂程度，但是在实际中始终存在一些关键问题无法解决：一是主密钥的分发依然需要靠人工或安全信使；二是会话密钥的使用周期与主密钥的更换周期相关，可能会导致会话密钥重复使用的现象出现，使得窃听者对系统实施更有效率的攻击。而在非对称密码系统中，加密密钥可以公开，用户只需要安全保护解密密钥，其密钥分发过程的复杂程度大大降低，使得非对称密码系统在实际中得到了广泛应用。但是其安全性大都是基于计算复杂度，随着超级计算机的运算能力越来越高（如"神威·太湖之光"超级计算机的峰值计算速度已达到12.54亿亿次每秒），该密码体制面临被破解的威胁也越来越大。一方面，我国的王小云教授研究小组已于2004年破解了信息摘要算法－5（MD5），Google公司宣布成功破解安全哈希算法－1（SHA－1）；另一方面，1994年提出的基于量子计算的肖尔（Shor）算法可以在多项式时间内破解经典的里韦斯特－沙米尔－阿德尔曼（RSA）算法。可以认为，目前广泛使用的现代密码系统只能在一定时间内保证密钥的安全性，为使用者提供计算安全性的保证，随着计算性能的快速增长和量子计算机的潜在应用，现代密码体制面临着越来越严峻的威胁和考验。

针对上述传统密码体制面临的挑战与问题，研究人员设计了基于量子力学和信息论的量子密码系统，其核心技术是量子密钥分发（QKD）。QKD利用非正交量子态编码完成密钥分发过程，可以满足"一次一密"加密体制中对于密钥分发的要求：（1）理论上生成的密钥具有真随机性；（2）理论上生成的密钥足够长且使用一次。其安全性不依赖于攻击者的计算能力，而是由量子不可克隆定理等量子力学基本定理保证。以QKD为核心的量子密码系统能够为用户提供理论上的无条件安全通信。

2. 美国量子通信相关政策

1999 年，美国 Los Alamos 国家实验室 Richard Hughes 等人率先提出使用卫星在洲际范围内为地面用户提供安全密钥分发，这一提议得到世界范围内的广泛关注。作为最早开展量子信息技术研究的国家之一，美国于 2018 年底颁布《国家量子倡议法案》，协调国家科学基金会（NSF）、万国商业集团（IBM）、美国联邦航空航天局（NASA）等社会各界共同推动"国家量子计划"，确保"美国处于全球量子竞赛的前列"。

2020 年 1 月，美国 NASA 和美国国家标准与技术研究院（NIST）主办了空间量子通信和网络研讨会，讨论制定包括以量子计算、量子通信和量子测量为代表的量子信息技术研发计划，并以国际空间站（ISS）为量子信息技术空间试验平台，积极探索在空间环境下进行量子纠缠和 QKD 等多项关键技术的可行性。

2020 年 2 月，美国白宫量子协调办公室发布《美国量子网络战略构想》，明确规划了"形成具有高通量子信道、洲际天基纠缠分发等功能"的未来美国量子互联网发展战略蓝图，并计划由 NASA 航空技术部门和政府共同主导美国空间量子通信领域相关创新项目的筹划准备工作。

2017—2020年间,美国极力寻求与国际盟友的研究合作。2019年7月,美国空军研究实验室(AFRL)联合英、加、日、新等国研究团队召开量子信息科学国际研讨会,共同商讨国际间开展量子信息技术研究合作。2021年6月,美国、英国、日本、加拿大、意大利、比利时和奥地利7国宣布联合开发一个基于卫星的量子加密网络——联邦量子系统(FQS),由Arqit公司进行量子加密管理,以防范针对商业用户的网络攻击。

3. 欧盟量子通信相关政策

2016年,欧盟委员会发布《量子宣言》,提出欧洲量子技术旗舰计划,计划3年左右建设低成本量子城域网,并建立量子通信设备和系统的认证及标准,6年左右利用可信中继、高空平台或卫星实现城际量子保密通信网络建设,10年左右建成量子互联网。

2018年10月29日,量子技术旗舰计划正式启动,总经费高达10亿欧元,用于资助量子技术5个主要研究领域(量子通信、量子计算、量子模拟、量子计量和传感、基础科学)的项目,这些项目涉及至少6个国家。

2021年3月,欧盟发布《2030年数字指南针：欧洲数字十年之路》，提出在未来十年加速欧洲数字转型的愿景和方法，其中包括开发和部署覆盖整个欧盟的高度安全的量子通信基础设施，以大幅提高整个欧盟的通信安全性和敏感数据资产（包括关键基础设施）的存储安全性。

2021年7月，欧盟委员会计划启动一个基于卫星的安全连接系统，为整个欧洲提供高速宽带，以及可靠、安全和具有成本效益的连接服务。该系统包括欧洲量子通信基础设施（EuroQCI），它将用于保护欧盟的敏感通信和数据，确保欧盟关键基础设施和政府机构之间的通信高度安全。2021—2022年，数字欧洲计划推动了欧洲QKD设备和系统的发展；促进了国家量子通信网络的开发和部署；EuroQCI中使用的QKD设备、技术和系统的测试及基础设施认证三个主要项目得到财政支持。

4. 国外其他国家量子通信相关政策

加拿大在过去十年投资了超过10亿美元用于量子研究。加拿大积累的研究经验和成果、民营研究机构日益增长的影响力以及政府对创新和竞争力的承诺，使其在取得科学进步以推动量子技术发展方面处于有利地位。

2006—2015年期间，加拿大自然科学与工程研究委员会（NSERC）为量子研究提供了

2.672亿美元的资金，仅在2015年就资助了4 300万美元。认识到量子创新的战略重要性后，2014年NSERC创建了一个投入5 000万美元（时间超过7年）的量子光子传感和安全（QPSS）研发计划项目。

2015年，谢布鲁克大学获得了3 350万美元的加拿大首要研究卓越基金（CFREF）拨款，以支持其扩大在量子信息和量子材料方面的专业研究。

2016年，滑铁卢大学获得了超过7 600万美元的CFREF项目资助，合作伙伴又捐赠了6 800万美元，共计1.44亿美元。该项目汇集了物理学、化学、材料科学、计算机科学和工程学等领域的研究，以推动可部署的量子设备的发展。

2017年，加拿大政府向加拿大航天局（CSA）提供了8 090万美元的资金，用于研究包括量子技术在内的新兴技术。

2021年7月，加拿大政府宣布将制定国家量子战略并收集建议，国家创新、科学和商业秘书处将协调该战略规划。该战略旨在加强加拿大在量子研究方面的力量；发展量子技术、公司和人才；加强加拿大在该领域的全球领导地位。战略概述了加拿大未来十年在量子系统领域的研究重点和挑战，主要集中在量子计算、量子通信、量子测量技术和量子系统的基础技术方面。

原理篇

荷兰于 2021 年 1 月启动了国家量子技术议程（NAQT），有 70 多家公司和组织参与，以促进荷兰在量子技术方面的发展。2021 年 7 月，荷兰宣布计划建立一个量子安全网络。该项目旨在将网络扩展到比利时、法国和德国，作为建立一个高度安全欧洲网络的第一步。

俄罗斯在 2019 年 12 月宣布了量子技术攻关计划，该计划重点关注军事、情报和密码分析应用，并获得了 7.9 亿美元作为未来五年的研究资金，几乎涵盖了量子技术的所有领域。

日本政府近年来对量子密码、量子卫星、量子计算、量子传感等量子信息技术的研发都有计划支持，将量子技术置于和人工智能、生物科技同等重要的位置。2021 年 4 月，日本国家信息中心所属的量子信息与通信协同创新中心发布了《量子网络白皮书》，总结了国内外量子通信的发展趋势、量子网络实现的实际应用场景、发展路线图及推进策略。

2021 年 5 月，日本成立了量子战略产业革命联盟（Q-STAR），联盟成员包括东芝、丰田等几十家日本企业。Q-STAR 主要解决包括信息和通信技术（量子计算、量子密码学等）、基础技术（材料、设备等）、重要应用领域（量子材料、量子生物/医学、量子生物技术、量子传感器和量子人工智能等）、人力资源、制度和规则等方面的问题。Q-STAR 根据这些问题成立了四个小组委员会：量子波和量子概率论小组委员会、量子叠加应用小组委员会、优化和组合小组委员会、量子密码学和量子通信小组委员会。

澳大利亚在量子技术方面的研究在该领域具有重要地位。各级政府给予了持续的大力支持，工业基础从单一的量子技术公司发展为涵盖软件和硬件的一系列业务。

澳大利亚研究委员会所支持的这一领域的四个国家卓越中心——工程量子科学中心（EQUS）、激子科学中心、未来低能电子技术（舰队）中心，以及量子计算和通信技术（CQC2T）中心，已雇佣了 500 多名科学家，近两年又成立了第五个中心——引力波天文学中心。澳大利亚国防部还建立了下一代技术基金，量子技术作为七个优先领域之一。澳大利亚政府于 2018 年 10 月底宣布的第一轮成功拨款也显示了其对量子技术研究的承诺和支持。

2018 年 11 月，在澳大利亚首都堪培拉的政治家、顾问、政策制定者和科学、技术、工程和数学教育（STEM）部门的高级成员开会讨论了量子技术，并考虑了为该行业制定国家计划的必要性。2019 年 2 月，英联邦科学和工业研究组织（CSIRO）的首席科学家凯西·弗利博士领导了一个关于发展量子产业的后续会议，将来自各个国家部门的利益相关者聚集在一起。

5. 我国量子通信相关政策

目前，中国已经在量子信息技术的产业化方面进行了探索，特别是在量子通信领域，已率先实现了广域量子保密通信技术的路线图，并在国际标准化方面获得了重要的话语权。

"十三五"期间，我国发布了一系列支持量子信息产业发展的政策。2016 年 12 月国务院发布的《"十三五"国家战略性新兴产业发展规划》、2017 年 5 月国家多部委联合发布的《"十三五"国家技术创新工程规划》、2018 年 1 月国务院发布的《国务院关于全面加强基础科学研究的若干意见》，都提到加强量子信息技术或量子通信技术的发展。图 2 是我国研究机构发布的相关报告。

2021 年 3 月，《中华人民共和国国民经济和社会发展第十四个五年规划纲要和 2035 年远景目标纲要》提出，建立一批以量子信息等重大创新为重点的国家实验室，指出瞄准量子信息等前沿领域，实施一批具有前瞻性、战略性的国家重大科技项目。

2021 年 10 月，中共中央、国务院发布了《国家标准化发展纲要》，为中国未来 15 年的标准化发展制定了目标和蓝图。

量子安全技术白皮书
(2022年12月修订版)

中国he协会量子信息分会 2022年1月

量子安全技术白皮书
2020 QIAC WHITE PAPER ON QUANTUM SAFE TECHNOLOGY 2020

中国he协会量子信息分会 2020年12月

CAICT 中国信通院

No.202232

量子信息技术发展与应用研究报告
（2022年）

中国信息通信研究院
2023年1月

CAICT 中国信通院

量子信息技术发展与应用研究报告
（2020年）

中国信息通信研究院
2020年12月

图 2 量子安全报告资料

国家"十四五"规划出台后，国内有多达 21 个省级行政区将量子技术纳入其"十四五"规划，量子通信也被放在重要的发展战略地位。

2　量子通信中的基础物理原理

1. 光量子

光量子，简称光子，是传递电磁相互作用的基本粒子，能够作为电磁辐射的载体，在 1905 年由爱因斯坦提出，1926 年由美国物理化学家路易斯正式命名。

光子具备波粒二象性（这也是微观粒子的基本属性之一）。波动性由托马斯·杨通过双缝干涉实验观察到。光波可以看作振动的正交电场和磁场交互产生并向前传输。粒子性由赫兹通过光电效应实验观察到，并由爱因斯坦给出了光电效应的光量子解释。

光子所具有的电荷为零，静止质量为零，当以光速运动时，具有能量、动量、质量，而当光子在透明物质中传输时，其传播速度小于在真空中的速度。这是因为光波的电场激发物质的内部电子产生极化，内部电子的极化场和激发的光波电场发生干涉带来波的延迟，宏观上这种效应为光传输物质对光的折射（其折射能力大小即反映为几何光学数值上的折射率大小）；当作为光量子来看时，这个过程可视为光子与处于激发态的光传输物质的粒子混合成为一个偏振子，偏振子具有非零的有效质量。

光子可以来源于很多自然过程：当分子、原子或原子核从高能级向低能级跃迁时会自发辐射产生光子，一对粒子和反粒子一起发生湮灭时能够产生光子。在上述过程的时间反演过程中（即分子、原子或原子核从低能级向高能级的跃迁过程，粒子和反粒子对的产生过程），光子则会被吸收。

光子本身还携带有与其频率无关的自旋角动量，自旋角动量在其运动方向上的分量，即螺旋性。光子的自旋为1，质量为0，因此自旋只能有两种相互垂直的方向,而且都垂直于波向量。由于自旋决定了偏振,光子具有两种可能的偏振态,例如,这两种偏振态可以是垂直偏振态、水平偏振态,也可以是右旋偏振态、左旋偏振态。

2. 不可克隆定理

不可克隆定理的定义是任意未知的量子态不能被完全克隆。这是量子世界里的一个重要结论,是海森堡不确定性原理的推论。它是指量子力学中对任意一个未知的量子态进行完全相同的复制过程是不可实现的,因为复制的前提是测量,而测量一般会改变该量子的状态。意味着当量子信息通过信道进行传输时,一旦被第三方复制而窃取信息,就一定会对量子信息的传输产生干扰。因此,不可克隆定理是量子信息学、量子密码学的基础。

量子不可克隆定理作为 QKD 协议的重要安全理论基础之一,从量子力学角度解释了量子态信息传输的安全性。

量子不可克隆定理表明了量子比特的不可复制性特点。在 QKD 协议中,随机传送的是非正交量子态,窃听者将不能通过克隆信号窃取密钥。此外,依据海森堡不确定性原理和量子纠缠特性等量子力学重要概念,QKD 安全性将得到重要保障。

3. 量子叠加态

信息论中,信息是事物状态或存在方式不确定性的描述,而对于任一孤立物理系统,都存在对应的系统状态空间。该空间可用线性代数语言表示为复向量空间,即 Hilbert 空间。

其中,量子力学系统所处的状态称为量子态,由 Hilbert 空间的列单位向量进行表征。

一般地,该向量也被称为态向量或态矢,常用 $|\cdot\rangle$ 表示,如 $|0\rangle$,$|\phi\rangle$ 等。作为基本的量子物理特征,量子态满足叠加原理。若量子力学系统处在 $|\alpha\rangle$ 和 $|\beta\rangle$ 描述的态中,则该系统还可能处于态 $|\phi\rangle = c_1|\alpha\rangle + c_2|\beta\rangle$,其中 c_1,c_2 为复数,满足系统处于态的概率和 $|c_1|^2 + |c_2|^2 = 1$。

对于量子计算与量子通信等量子信息系统,其系统状态可称为量子比特或称量子位,采用二维 Hilbert 空间中的标准正交基矢 $|0\rangle$,$|1\rangle$ 表征:

$$|\phi\rangle = c_1|0\rangle + c_2|1\rangle$$

不同于只能在某时刻表示系统一种可能物理状态的经典比特信息,量子比特表示系统处在两个态的相干叠加中。如对 100 位量子比特进行处理时,实际相当于经典计算机处理了 2^{100} 位比特信息数据,使得量子系统具有指数增长的计算和存储能力,这也是量子信息系统与经典系统的重要区别所在。

4. 量子纠缠

1935 年，爱因斯坦、波多尔斯基、罗森三人发表了题为"Can Quantum-Mechanical Description of Physical Reality Be Considered Complete?"的论文（下称"EPR 论文"），涉及量子纠缠的概念。他们通过 EPR 论文表达了当时对量子力学的描述是不完备的观点。在论文中，他们设计了一个思想实验，通过检验两个量子纠缠粒子所呈现出的关联性物理行为，来凸显出定域实在论与量子力学完备性之间的矛盾，因此被称为"EPR 佯谬"。随着近几十年来的不断探索，"纠缠"的概念才逐渐明晰。

以两个粒子 A 和 B 所构成的复合系统为例，若其量子态不能表示为子系统的直积形式则称为纠缠态，纠缠态具有如下的关联特性：无论系统中的粒子 A 和 B 在空间上分开多远，彼此之间存在量子纠缠，对粒子 A 的测量会在同时导致粒子 B 的量子态的相应坍缩。

5. 量子比特

1948 年香农采用"信息熵"来描述信源的不确定度（即离散随机事件的出现概率），并推导了用于计算信息熵的数学表达式。

信息熵的概念描述为：可以根据信源发出信息中符号出现的概率来衡量信源发出信息的不确

定性。若信源符号有 n 种取值：U_1，U_2，…，U_n，对应概率分别为：P_1，P_2，…，P_n，且各种符号的出现彼此独立。这时，信源的信息熵为：

$$H(U) = -\sum_{i=1}^{n} P_i \log P_i$$

式中对数一般取 2 为底，信息熵 $H(U)$ 的单位为比特，为信息量的最小单位。二进制数系统中，每个 0 或 1 就是一个位（比特），位是数据存储的最小单位。

与经典比特相对应的，在量子通信中作为量子信息的最小单位是量子比特。量子比特的表示方法为：假设二维希尔伯特空间的基矢为 $|0\rangle$ 和 $|1\rangle$，则量子比特可表示为 $|\psi\rangle = \alpha|0\rangle + \beta|1\rangle$，其中 α，β 为复数，且满足 $|\alpha|^2 + |\beta|^2 = 1$。此时，量子比特 $|\psi\rangle$ 表示以概率 $|\alpha|^2$ 处于 $|0\rangle$，以概率 $|\beta|^2$ 处于 $|1\rangle$，还可以处于 $|0\rangle$ 和 $|1\rangle$ 这两个态的叠加态。由上述定义的量子比特，也可称为简单量子比特，它也可以用图形来表示：三维空间内单位长度构成的球面——布洛赫（Bloch）球。任意一个量子比特对应的态都可以用布洛赫球面上的一个点表示，如图 3 所示。

(a) 经典比特 (b) 量子比特

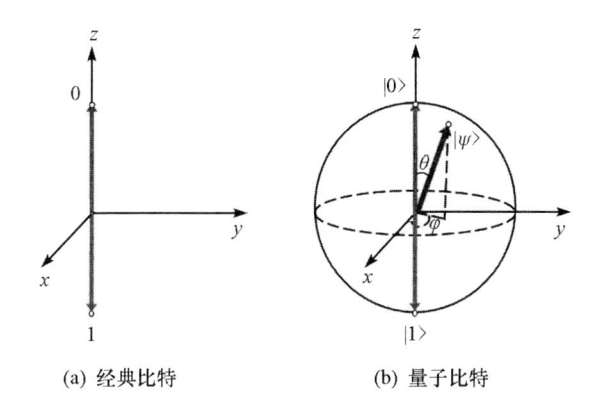

图3 经典比特和量子比特的几何表示

高阶量子比特则与多重量子态相对应。高阶量子比特，也称为复合量子比特，一般可以表示为：

$$|\psi\rangle = \alpha_0|00\cdots0\rangle + \alpha_1|00\cdots1\rangle + \cdots + \alpha_{2^n-1}|11\cdots1\rangle$$

除简单量子比特和复合量子比特以外，与经典通信中多进制编码的比特相对应的，还有多进制的量子比特，比如 q 进制单基量子比特可表示为：

$$|\psi^q\rangle = \alpha_1|0\rangle + \alpha_2|1\rangle + \cdots + \alpha_q|q-1\rangle$$

其中，$|\alpha_1|^2 + |\alpha_2|^2 + \cdots + |\alpha_q|^2 = 1$。一个三进制量子比特可以表示为 $|\psi^3\rangle = \alpha_1|0\rangle + \alpha_2|1\rangle + \alpha_3|2\rangle$。

量子比特也有多种制备和实现的路径，在量

子信息和量子计算的应用中,目前已经应用于承载量子比特的物理实体有光子、电子、原子核等。

6. 量子测量原理及贝尔态测量

在量子力学中所使用的算子均为线性算子,而量子密钥分发中所用到的最重要两类算子为幺正算子(unitary operator)和厄米算子(hermitian operator)。幺正算子具有可逆性,且幺正变换不改变算子本征值和对应的矩阵的迹。这些性质决定了其常被应用于描述量子计算的逻辑操作,如量子信息处理就是对编码的量子态进行一系列幺正演化。

与经典中测量物体速度等物理量类似,对量子系统的信息处理即对某个力学量进行测量,量子测量可采用厄米算子进行描述,而厄米算子对应的厄米矩阵具有对角化性质,可利用其本征值和本征向量特性。经施密特(Schmidt)正交化过程得到的本征向量,再经归一化处理,就构成该向量空间的一组完备正交基,而经同本征值 m 的部分项合并所得的投影算子 P_m 则满足完备性条件:

$$\sum_m P_m^+ P_m = I$$

因此,一组对应的量子测量算子则可表示为 $\{P_m\}$,可能的测量结果为其本征值 m,I 为单位矩阵。当测量量子态 $|\phi\rangle$ 时,所得结果 m 的概

率，即测量概率为：
$$p(m) = \langle \phi | P_m | \phi \rangle$$

测量后量子态坍缩为：
$$|\phi'\rangle = \frac{P_m | \phi \rangle}{\sqrt{p(m)}}$$

例如，对于二量子比特系统，常见测量基包括贝尔（Bell）基，该测量基是测量设备无关量子密钥分发（MDI-QKD）协议方案实现的关键。用 Bell 基测量系统或称之为对系统进行贝尔态测量（BSM），其测量后的量子态将会坍缩为以下四个贝尔态之一。

$$|\Phi^+\rangle = (|00\rangle + |11\rangle)/\sqrt{2}$$
$$|\Phi^-\rangle = (|00\rangle - |11\rangle)/\sqrt{2}$$
$$|\Psi^+\rangle = (|01\rangle + |10\rangle)/\sqrt{2}$$
$$|\Psi^-\rangle = (|01\rangle - |10\rangle)/\sqrt{2}$$

3 量子密钥分发及安全性

量子密钥分发是利用量子力学特性实现密码协议的安全通信方法。通信双方能够通过量子密钥分发产生并共享最随机的、具有理论上绝对安全性的量子密钥，用以加密和解密明文信息。

量子密钥分发的一个最重要的性质是：如果

第三方尝试攻击窃取量子密钥，通信的收发双方便会察觉到第三方的窃取行为。这种性质的实质来源于量子力学的基本原理：任何对量子系统的测量都会对系统产生干扰。当第三方试图去攻击窃取量子密钥时，必须通过测量的手段来获取量子密钥的信息，但是对量子密钥的测量就会带来量子叠加态的坍缩，引起可察觉的异常（一般在量子密钥分发系统中表现为误码率升高）。因此，当通过量子叠加态或量子纠缠态来传输信息时，通信的收发双方只要通过检测系统误码率是否异常升高即可判断是否存在第三方的攻击窃取行为，而只有当误码率低于一定标准时，双方才可认为此次通信较安全；随后按照协议规则执行相应的误码纠错与保密性放大流程，最后经筛选得到有效安全密钥。

量子密钥分发实质上仅仅只完成密钥的产生和分发，并没有传输明文信息。产生后的量子密钥即可结合加密算法来加密信息，加密过的信息（密文）即可在信道中传输。安全性最好的加密方式就是采用真随机性的安全密钥构成的一次性密码本来对明文进行加密，这种加密方式被称为"一次一密"，具有可证明的安全性。在实际运用上，产生的量子密钥常常被拿来与对称密钥的常用加密算法（如高级算法标准（AES）算法）一同使用。

1. 第一个 QKD 协议——BB84 协议

任何通信系统的信息传送过程都需借助物理载体，而利用经典物理量如电磁波频率、光强编码的传统密钥分发过程容易被窃听复制且难以察觉，如软件定义无线电窃听（SDR）和光纤微弯窃听等手段，威胁密钥分发系统安全性。为了杜绝信息传送过程被窃听的可能性，利用光子物理量如偏振态和相位等携带比特信息进行 QKD 的概念由美国 IBM 公司研究人员 Charles H. Bennett 和 Gilles Brassard 于 1984 年提出，即 BB84 协议，借助单光子的量子不可克隆定理有效保证了密钥分发的安全性。如图 4 所示，在基于偏振的 BB84 协议密钥分发过程中，发送方 Alice 随机选择光子的水平/垂直偏振（Z 基）和 $+45°/-45°$

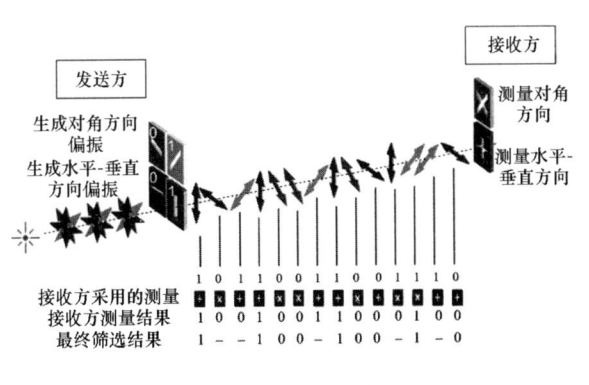

图 4 偏振编码 BB84 协议原理

(X 基）的两组非正交基进行 0/1 编码，接收端 Bob 则利用偏振片对偏振光子进行测量解码，实现通信双方信息传输。

BB84 协议的流程步骤如下：

Step 1：编码——Alice 对光子偏振态（水平、垂直、45°和 -45°）进行随机选择，并规定光子处于垂直和 -45°偏振代表比特信息 1，而水平和 +45°偏振则代表 0，然后将编码后的单光子态发送给 Bob。

Step 2：测量——Bob 通过使用两个不同的单光子探测器，随机选择直基（可正确测量垂直/水平偏振态）或斜基（可正确测量 45°/-45°偏振态）进行测量。

Step 3：基比对——Alice 通过经典信道公布制备时结果，Bob 比对后仅保留相同基矢选择时的比特数据。

Step 4：数据后处理——经数据筛选、隐私放大等数据后处理过程，计算随机样本的量子误码率（QBER）是否满足理论安全阈值，若满足则保留，否则重新发送。

在 BB84 协议中，单光子源的光子不可再分，其量子态所具备的不可克隆性使得 Alice 发送的非正交量子态无法被复制，迫使窃听者 Eve 只能通过"截取—重发"的方式进行窃听攻击。在不能确定 Alice 的基选择时，窃听过程将会导致系统的 QBER 随着窃听位数升高，当其超过安全阈值后，系统将舍弃信息样本，从而保证了密钥的安全性。然而，完美单光子源物理上难以实现，实际 QKD 系统则主要利用弱相干光源或者纠缠光子对进行密钥分发，其发送脉冲中有一定概率出现两个及两个以上光子的情况，窃听者 Eve 可通过光子数分离攻击（PNS）窃听部分密钥信息，造成系统出现安全性漏洞。

（1）基于偏振编码的 QKD 系统结构及原理

偏振编码 QKD 系统的常见结构如图 5 所示。

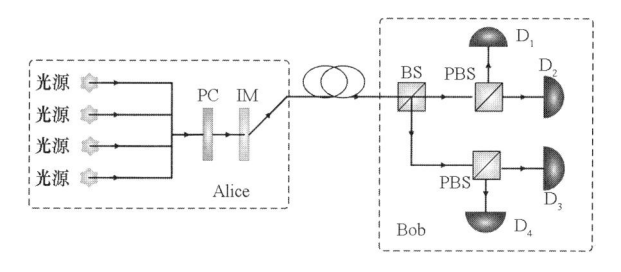

偏振控制器（PC），强度调制器（IM），
分束器（BS），偏振分束器（PBS）

图 5 偏振编码 QKD 系统的常见结构图

图 5 为偏振编码 QKD 系统的常见主体结构，详细的偏振编码 QKD 系统运行流程为：发送端 Alice 处的四个激光器首先通过强度调制器完成诱骗态的调制；然后通过对四个激光器输出光脉冲的分别编码，随机发送不同偏振态的光脉冲；

最后经光纤合束器合束后,由量子信道的标准单模光纤进行传输。

探测端 Bob 通过偏振控制器对到达的光脉冲进行偏振补偿。然后通过分束器和偏振分束器将不同偏振态的光脉冲进行分离,由 4 个单光子探测器对四种不同偏振态的光脉冲进行探测。并分别对发送端 Alice 和接收端 Bob 进行数据后处理,通过数据协调和隐私放大等过程产生最终的密钥,并保存在双方的密钥池中。双方进行通信时,通过密钥管理层控制和使用密钥池中的安全密钥进行保密通信。

但是,随着外界环境中温度的升高、振动频率的加快、光纤信道弯曲度的增加,量子密钥分发系统中的 QBER 将不断升高,密钥生成率不断降低,当 QBER 超过阈值 11% 时,通信双方则将中断密钥分发过程。这是因为光脉冲的光子在光纤中传输时,受到外界环境(温度、振动、弯曲)以及光纤中双折射效应和偏振模色散的影响,使得光子偏振态的方向随机旋转,导致系统的 QBER 不断升高。这种情况需要主动偏振反馈系统对其进行实时校正。基于偏振编码的 QKD 系统运行一般分为密钥传输模式和偏振补偿模式,当密钥传输模式下系统的 QBER 超过阈值时,系统将自动切换到偏振补偿模式,对偏振状态进行检测与反馈,并通过主动偏振反馈系统进行偏振共享参考系的校正。当然，偏振补偿这种模式也会占用信息传输时间，带来系统传输效率降低的负面影响。

（2）基于相位编码的 QKD 系统结构及原理

相位编码 QKD 系统的常见结构如图 6 所示。

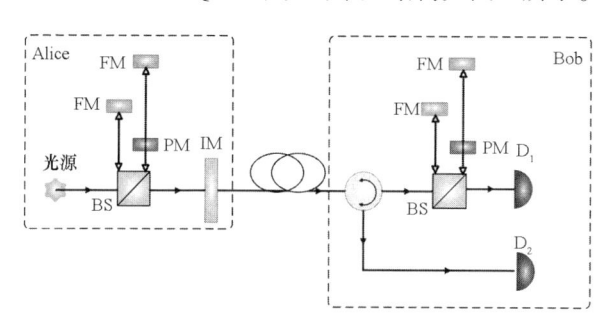

图 6 相位编码 QKD 系统的常见结构图

发送端 Alice 通过长短臂法拉第－迈克尔逊干涉环（FM）对光脉冲进行相位调制，其中法拉第旋转镜能对偏振进行自动补偿，利用强度调制器进行诱骗态的调制。系统采用波分复用技术实现同步光和信号光的传输，接收端 Bob 首先经过解复用得到信号光和同步光，利用相同的 FM 环对信号光脉冲进行探测，结合同步探测器接收同步光并转化为同步电信号作为比对的基准信号。系统采用光纤信道传输。相对于偏振系统，相位编码的 QKD 系统的稳定性更高，系统损耗也较低。

2. 理论安全性与实际安全性

QKD 在理论上虽然被证明是无条件安全的,但是许多 QKD 协议的安全性证明都建立在一些基本假设的前提下,包括窃听者无法从外部入侵通信双方的系统,通信双方也不会从内部主动泄露消息,通信双方的各个模块都按理想状态运行等,如图 7 所示。

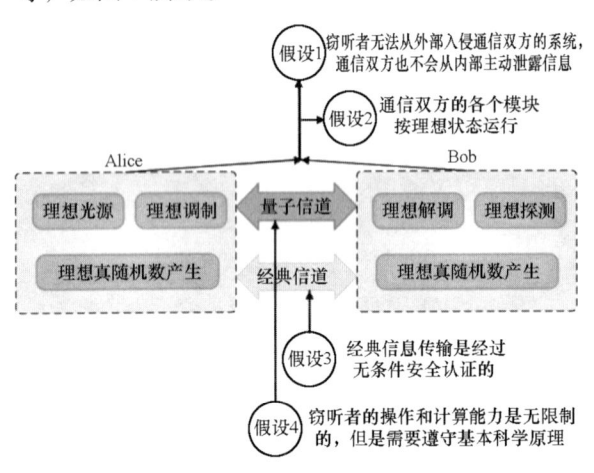

图 7　QKD 安全性基本假设

另外,实际量子密钥分发系统所采用的光学和电学设备总是存在各种非完美性,使得系统存在实际安全性漏洞。所以对于实际 QKD 系统的安全性,既要考虑具体协议证明的基本假设,还要考虑设备运行中的实际假设。QKD 系统的实际安全性并不完全等价于协议设计时的理论安全性,系统的任何安全性漏洞都有可能被"量子黑客"攻击。

比如,针对不完美光源的光子数分离攻击。现实中,光源并非理想的单光子光源,而是光子数分布服从泊松分布的弱相干态光源,其中的多光子成分可以被 Eve 分离,窃取秘密信息。如何估测多光子成分泄露的信息量,Gottesman 等人提出了严格的安全密钥率分析方法,即戈特曼-罗-吕特肯豪斯-普雷斯基尔(GLLP)公式,在牺牲相当多密钥量的前提下,该公式保障了在弱相干光源下协议的安全性。

在量子密钥分发设备中,安全漏洞最多的是测量端,因此,针对测量端的攻击手段也是最多的。

3. 典型量子黑客攻击

表 1 列出了主要的量子黑客攻击方式。

表 1 主要量子黑客攻击方式

量子黑客攻击方式	攻击器件	攻击目标
时移攻击 (Time-shift attack)	探测器	测量设备
相位重映射攻击 (Phase-remapping attack)	相位调制器	光源设备

续表

量子黑客攻击方式	攻击器件	攻击目标
伪态攻击 (Fake-state attack)	探测器	测量设备
探测器致盲攻击 (Detector blinding attack)	探测器	测量设备
信道校准攻击 (Channel calibration attack)	探测器	测量设备
探测器死时间攻击 (Detector deadtime attack)	探测器	测量设备
设备校准攻击 (Device calibration attack)	本底振荡器	测量设备
激光损伤攻击 (Laser damaging attack)	探测器	测量设备

其中的几种典型攻击方式简要介绍如下：

（1）相位重映射攻击

对基于相位编码的 BB84 协议，理论安全性分析总是假设加载于光源的相位为 $\{0, \pi/2, \pi, 3\pi/2\}$。但是在实际的 QKD 系统中，由于受到器件的缺陷、调制信号的不稳定性等实际因素的影响，调制得到的相位往往存在一定的误差。以基于相位编码的 QKD 系统为例，相位的调制编码是通过电压脉冲信号驱动相位调制器（PM）产生。完整的电压脉冲驱动信号可分为上升沿、稳定沿和下降沿三个部分，调制加载的相位一般正比于加载在 PM 上的调制电压。相位调制的正常状态下，量子信号到达 PM 时刻应当对应于电压脉冲驱动信号的稳定区，则通过调制加载相位 $\{0, \pi/2, \pi, 3\pi/2\}$。而在双路 QKD 系统中则不然，因为光脉冲先由 Bob 发送给 Alice，经过 Alice 编码和衰减后再返回到 Bob。2007 年多伦多大学的 Hoi-Kwong Lo 小组指出：Eve 可在信道上控制光脉冲传输至 Alice 的时间，使得光脉冲在驱动信号上升沿时抵达 Alice 端的 PM，从而实际加载相位由 $\{0, \pi/2, \pi, 3\pi/2\}$ 变为 $\{0, \delta/2, \delta, 3\delta/2\}$。以上所描述的这类攻击方式即称为相位重映射攻击。

（2）时移攻击

实际 QKD 系统中通常含有两个门模式雪崩光电二极管（APD）探测器，理论上这两个探测器的探测效率往往被假设相等。实际上，不同探测器的探测效率会受到探测时间、入射光的频率、偏振及空间模式等参数的影响。以光纤 QKD 系统为例，两个 APD 探测器往往采用门限模式进行探测，其探测效率取决于门限与入射光脉冲抵达时间之间的相对关系，容易造成探测效率不匹配的非理想情况。针对探测效率不匹配的漏洞，Eve 就可以控制光脉冲到达 Bob 端探测器的时间。根据信号到达 Bob 端的时间及两个探测器的探测效率不匹配程度，Eve 在一定概率上可猜测 Bob 的测量结果，且探测效率不匹配程度越大，Eve 猜中 Bob 的测量结果概率越高。在极端情况下，两探测器效率完全不匹配，Eve 可完全测得 Bob 的测量结果。该攻击的特点是仅改变入射光抵达 Bob 端探测器的时间，而不会产生额外的误码。

（3）伪态攻击

在 BB84 协议中，伪态攻击是一种截取—重发攻击，其基本步骤是 Eve 利用和 Bob 相同的方式随机测量 Alice 发射的编码信号光脉冲，然后根据测量结果将伪态信号重发给 Bob。BB84 协议下，针对 QKD 系统的探测器效率不匹配安全漏洞，Eve 可采取如下伪态攻击：①若测得的结果是 0，则在 t_0 时刻发送另一组基下的 1 态给 Bob；②若测得的结果是 1，则在 t_1 时刻发送另一组基下的 0 态给 Bob。此时，Eve 有一定的概率得到 Bob 的测量结果。

（4）探测致盲攻击

探测致盲攻击是针对 QKD 系统中单光子探测器非理想性特性进行的一种量子黑客攻击。Eve 可以通过向链路中输入发射强光实施探测致盲攻击，在不引起额外的误码情况下实现对 Bob

端探测器工作状态及探测结果的控制,从而在不被察觉的条件下完全窃取密钥信息。2009年挪威科技大学联合新加坡国立大学首次实现了探测致盲攻击的演示验证实验,他们利用强光脉冲入侵接收端的单光子探测器,攻破了一个商用量子密码系统。

以上例子说明理想的量子密钥分发系统与实际系统之间存在现实差距,但是这并不能否认量子密钥分发协议的理论无条件安全性。以BB84协议为代表的量子密钥分发系统由于实际设备的非理想特性而无法完美地执行协议流程,从而引入侧信道,威胁系统安全性。关于如何缩小现实系统与理想系统的差距,其中关闭侧信道,是当今的研究重心之一。

为了解决实际安全性的问题,一类方法是通过采用校准和补丁,试图对QKD系统中的所有实际设备建立精确的数学模型进行刻画,或者针对某一特定的量子攻击手段进行针对性的防御。通过审视QKD安全性证明中所用到的假设条件,分析实际QKD系统中各种光学、电学设备的参数性能来评估这些假设条件在实际QKD系统中是否成立,分析这些理论和实际的偏差是否会导致安全信息的泄露,最后通过在系统中增加防御设备,或者将这些理论和实际的偏差纳入安全性证明的模型中,以关闭潜在的安全漏洞。但是在实际应用过程中，QKD设备复杂，很难对所有设备一一建模。此类方法只能保护已知特定攻击手段的情形，对于不可预知的攻击手段，不能提供信息理论安全性保证。虽然该方面的研究不能够完全关闭实际QKD系统中的所有安全漏洞，但是这一类方法对实际QKD系统的实现依然具有很重要的意义。

另一类方法是通过修改现有QKD协议的实现方式来保证QKD的实际安全性，通过研究新的协议来尽量减少QKD无条件安全性证明中所需要的假设条件。目前对实际QKD系统的攻击手段大多数是针对QKD的探测系统。因此，测量设备无关量子密钥分发协议的通信双方将光脉冲发送至非可信任的第三方进行贝尔态测量，由于该方案的测量过程在第三方进行，故可移除所有探测器侧信道漏洞，提升了QKD系统的实际安全性，同时提高了量子密钥分发的安全传输距离，因而被认为是极具潜力的非可信中继QKD网络的安全解决方案。

4 新型量子密钥分发协议

实际量子密钥分发系统存在侧信道，这是由实际物理器件的不完美特性决定的。围绕侧信道展开的研究工作被称为量子密钥分发的实际安全性研究。目前，解决侧信道问题的最优解是构造新型量子密钥分发协议，从根本上关闭系统的侧信道。

1. 诱骗态 QKD 协议

为了解决光子数分离攻击难题，基于 2003 年 W. Y. Hwang 提出的诱骗态思想，2005 年多伦多大学的 Hoi-Kwong Lo 团队和清华大学的王向斌教授团队在 BB84 协议基础上，提出诱骗态 QKD 协议。此处的"诱骗态"即在具有一定强度的量子态信号光脉冲中增加强度不同的脉冲，用于检测 Eve 是否实施了 PNS 攻击，具体的协议实施如下：发送方 Alice 在产生量子态光脉冲时，随机产生不同强度诱骗态脉冲，接收方 Bob 则通过统计接收到的不同光强度脉冲数量并计算其探测概率来检测是否存在 Eve，从而确保 Alice 和 Bob 协商生成的安全密钥。

如图 8 所示，在基于偏振调制的诱骗态 QKD 系统中，Alice 先通过衰减激光光源得到弱相干光，经偏振调制器（Pol - M）调制偏振态后，再利用强度调制器（IM）制备诱骗态传输至 Bob。Bob 则通过偏振分束器（PBS）以及四个单光子探测器对到达的光脉冲进行探测。

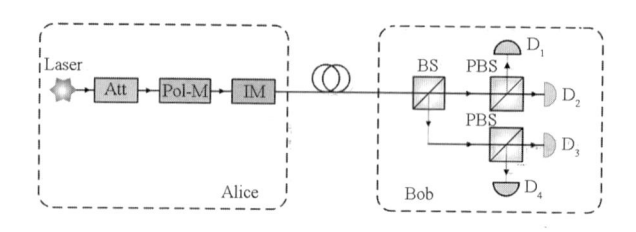

图8 基于偏振调制的诱骗态 QKD 系统原理图

2. 测量设备无关协议

在所有的安全性漏洞中,测量端的安全性漏洞最引人关注。窃听者可通过操纵脉冲的到达时间完成黑客攻击,采取时移攻击、伪态攻击、致盲攻击等,窃听者甚至可以采取激光损伤攻击,主动制造出存在安全性漏洞的探测器。此外,理想的量子密钥分发系统要求测量端分束器的分束比必须是 50:50,然而,实际分束器的透射 - 反射比会随入射波长变化,因此,窃听者可采取波长攻击,通过调节波长以操控分束器的分束比,干扰结果,破坏协议安全性。

2012 年,多伦多大学的 Hoi-Kwong Lo 团队提出了 MDI-QKD 协议,与此前协议不同,该协议中 Alice 和 Bob 分别将制备的量子态发送至第三方 Charlie 进行 BSM 测量,然后仅需根据 Charlie 公布的测量结果进行比特翻转等操作,就可以获得相同筛选密钥。该过程通过提取任意不可信第三方 BSM 测量结果作为后续产生密钥的基础，这相当于得到结果之前，收发双方都对给 Charlie 发送量子态的情况未知，协议安全性也与双方的量子态没有直接联系。Charlie 公布的任意结果都不能确定 Alice 与 Bob 的任何信息。因此，该协议被证明可抵御信道端对测量设备的一系列攻击，有效消除了测量设备的安全漏洞。

MDI-QKD 协议的流程如下：

Step 1：Alice 和 Bob 分别随机选择 Z 基和 X 基制备量子态，并发送到第三方进行贝尔态测量。

Step 2：第三方 Charlie 根据干涉的结果，公布相对应的贝尔态测量结果。

Step 3：Alice 和 Bob 进行基比对过程，保留测量成功事件中通信双方使用相同基的事件，丢弃不相同基的事件。

Step 4：在 Alice 和 Bob 基选择相同的事件中，根据第三方公布的贝尔态测量结果，Alice 或 Bob 进行比特翻转操作，以确保正确的比特关联。

Step 5：Alice 和 Bob 通过数据协调和隐私放大进行数据的后处理。

如图 9 所示，基于偏振的诱骗态 MDI-QKD 协议的 Charlie 测量过程如下：当 Charlie 收到双方发送的量子态后，探测器 $\{D_{1H}, D_{1V}\}$ 或

$\{D_{2H}, D_{2V}\}$ 同时响应情况代表贝尔态 $|\Psi^+\rangle$；探测器 $\{D_{1H}, D_{2V}\}$ 或 $\{D_{2H}, D_{1V}\}$ 同时响应情况代表贝尔态 $|\Psi^-\rangle$，这两组被称为成功 BSM 事件，然后通过安全认证的经典信道公布测量结果。针对探测结果为贝尔态 $|\Psi^-\rangle$ 时，通信双方进行数据翻转。针对探测结果为贝尔态 $|\Psi^+\rangle$ 时，若此时双方选用的是 Z 基，则需进行数据翻转，若此时双方选用的是 X 基，无须操作，保持双方数据不变。

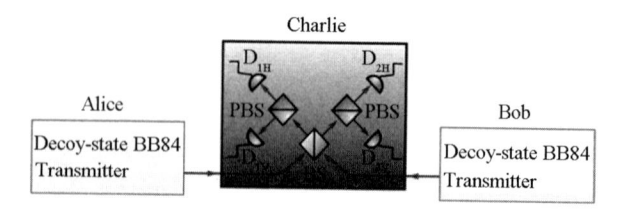

图 9　测量设备无关量子密钥分发结构图

然而，同样由于使用的是弱相干光源的原因，探测器对其中多光子成分的响应会被错误记录为 BSM 成功事件，产生系统量子误码率。若存在多光子情况，当 Alice 和 Bob 在 Z 基下制备光子偏振态时，将出现以下两种情形：（1）制备了不同光子偏振态时，理想条件下到达 Charlie 后仍根据偏振极性进入相应探测器，如探测 $\{D_{1H}, D_{2V}\}$ 或 $\{D_{2H}, D_{1V}\}$，此时为正常 BSM 事件；（2）制备了相同光子偏振态时，到达 Charlie 后仅会进入同一探测器，或进入异侧同偏振的两个探测器，即便探测响应错误，也不会被记录为成功 BSM 事件。因此，Z 基不会引入 BSM 事件误码。然而，当 Alice 和 Bob 在 X 基下制备光子偏振态时，由于多光子存在，所有 BSM 事件都有可能发生。当制备了相同光子偏振态时，所产生的 $\{D_{1H}, D_{2V}\}$ 和 $\{D_{2H}, D_{1V}\}$ 事件将造成 50% 错误率；当制备了不同光子偏振态时，事件 $\{D_1H, D_1V\}$ 或 $\{D_{2H}, D_{2V}\}$ 同样引入 50% 错误率，综合起来，X 基将会引入额外 25% 误码率。因此，MDI-QKD 协议中，X 基诱骗态信号主要用于估计信道参数，Z 基信号态用来产生原始密钥。该过程可采用类似诱骗态 QKD 的方法对实际密钥生成率进行估计。

3. 双场协议

MDI-QKD 协议依赖双光子干涉的成功 BSM 事件作为有效探测事件来计数并产生密钥，有效规避了探测端的安全漏洞问题。然而，在实际应用过程中，接收方 Charlie 每产生一次用来可成码的有效探测次数则需要两个被同时接收到的光子，因此 MDI-QKD 协议成码率无法突破量子信道密钥容量和成码率 - 距离极限的限制。此外，双光子干涉对同步要求较高，增加了系统实现的难度。

2018 年，英国东芝欧研中心 Lucamarini 等人提出双场量子密钥分发（TF-QKD）协议，其协议方案的核心为"单光子干涉"的测量过程。TF-QKD 即利用单光子干涉后的探测作为有效探测事件的测量设备无关量子密钥分发，仅需单个探测器响应，而不需要 MDI-QKD 用于双光子符合计数的两个探测器同时响应。

如图 10 所示，Alice 和 Bob 分别将相位编码态发送给 Charlie 进行干涉测量，而干涉之后的两个探测器之一响应时，Alice 和 Bob 的编码相位则成正关联或反关联关系。类似 MDI-QKD 协议，此时 Charlie 同样不知道发送方的编码态，但不同的是成码的有效探测只需要消耗一个光子，即只需一个探测器响应。

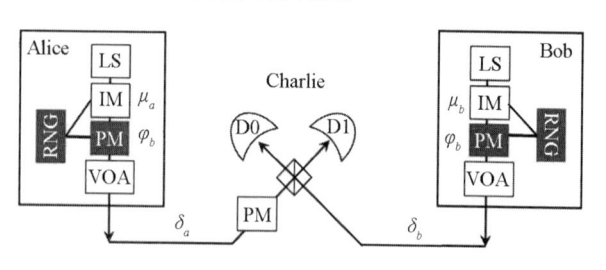

随机数产生器（RNG）、可调光衰减器（VOA）

图 10 TF-QKD 结构图

值得注意的是，TF-QKD 需要相位一致才能产生特定关联的单光子干涉响应，但这不同于相位编码 QKD 方案中随机选取相位值进行相位差的探测。为保证协议安全性，Alice 和 Bob 还需随机从半开区间 $[0, 2\pi)$ 中选择相位以保证安全性。同时需要将 Alice 和 Bob 的激光器实现高精度锁频，以消除发送双方激光器波长不同所引起的相位差。

4. GG02 协议

高斯调制相干态协议（GG02 协议），由 F. Grosshans 和 P. Grangier 于 2002 年提出。GG02 协议使用相干态进行编码。相干态，作为有限压缩态在压缩系数为 1 时的特例，其自身也是非正交的，原则上可实现对密钥的安全分发。

GG02 协议中发送方 Alice 初始制备的不再是压缩真空态，而是直接使用真空态，因此不需要进行压缩态方向的选择。而且，Alice 的平移操作不再是针对某一个方向进行，而是对 x 和 p 方向都进行平移，如图 11 所示。接收方 Bob 的测量方式同样使用零差探测，需要随机地选择测量 x 基或 p 基方向的分量。不论 Bob 选择 x 基或 p 基中的任意一个分量进行探测，探测结果均服从高斯分布。由于在 GG02 协议中初始时没有对真空态进行压缩，Bob 在选择 x 基或 p 基中的任意一个分量进行探测时，探测的噪声大小都是相同的，因此 Bob 每一个测量结果都要保留，而当 Bob 测量 x（p）分量时，他的测量结果中不包含

Alice 所调制的 $p(x)$ 分量的信息,因此 Alice 只需要保留 Bob 所测量分量的调制信息即可。GG02 协议中使用的是反向协调的纠错协议,即 Alice 利用 Bob 发送来的校验信息将手中的数据修正得与 Bob 的数据一致。

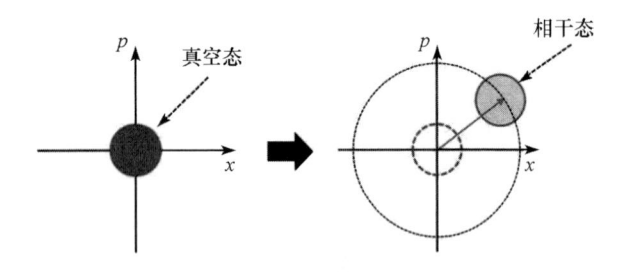

图 11　GG02 协议高斯调制

GG02 协议的流程如下:

Step 1:Alice 选取长度为 n 的两组服从均值为零的高斯分布的随机序列 $\{x_A\}$ 和 $\{p_A\}$,并根据其制备的 n 个相干态发送给 Bob。$\{x_A\}$ 和 $\{p_A\}$ 都是随机密钥序列。

Step 2:Bob 收到 n 个量子态后公布此事实,并选取长度为 n 的一组二进制随机序列 $\{y_n\}$,用以决定零差测量的测量基:0 选择 x 基,1 选择 p 基。测量结果记为 $\{x_B\}$ 或者 $\{p_B\}$。

Step 3:Bob 公布他测量时的基选择 $\{y_n\}$。Alice 仅保留与 Bob 所测正则分量相同的数据,即 0 保留 $\{x_A\}$,1 保留 $\{p_A\}$。

Step 4：Alice 随机选取其中的一部分保留数据（如 $n/2$ 的数据）用于窃听检测，并将这部分数据公开。Bob 根据测量数据通过协方差矩阵计算相应的"噪声"。如果"噪声"高于某个阈值，则终止本轮协议，重新开始。

Step 5：数据后处理阶段，Alice 与 Bob 之间进行包括正向（或反向）数据协调和保密增强等步骤，最终得到与 m 比特相同的安全密钥。

设备篇

2

1 量子密钥分发系统组成

一般的实际量子密钥分发系统包括光源、调制、信道传输、解调、测量、随机数产生、后处理和系统运行辅助等 8 个子系统模块,具体如图 12 所示。

本节主要介绍 QKD 系统中的量子光源、用于编码调制的随机数发生器、量子通信信道以及量子探测器四个部分。

1. 量子光源

量子光源可以分为三种:弱相干光源、单光子光源和纠缠态光源。由于理想的单光子光源不容易获取,一般采用激光光源衰减的方式得到弱相干光源来替代单光子光源。

(1) 弱相干光源(WCS)

激光本身在给定模式下的输出状态(在理想情况下)用相干态来描述。在没有参考相位的情况下,这种相干态可以用光子数态的泊松叠加来描述。在脉冲激光器的情况下,每个单独的脉冲在激光的直接输出处包含多个光子。在量子密钥分配的背景下,衰减激光输出,这样平均一个脉冲将只包含几个光子。描述这种衰减激光输

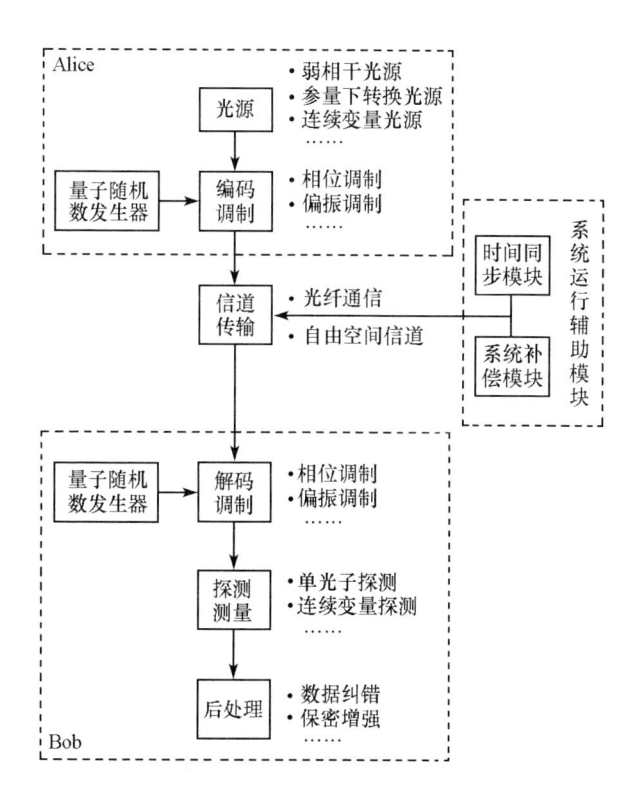

```
┌─ Alice ──────────────────────────┐
│                    ・弱相干光源   │
│           ┌──────┐ ・参量下转换光源│
│           │ 光源 │ ・连续变量光源 │
│           └──┬───┘ ……           │
│              ↓                   │
│ ┌────────┐ ┌──────┐              │
│ │量子随机│→│ 编码 │ ・相位调制    │
│ │数发生器│ │ 调制 │ ・偏振调制    │
│ └────────┘ └──┬───┘              │
└───────────────┼──────────────────┘
                ↓
           ┌──────┐ ・光纤通信   ┌──────────┐ ┐系
           │ 信道 │              │时间同步  │ │统
           │ 传输 │←─────────────│模块      │ │运
           │      │ ・自由空间信道│          │ │行
           └──┬───┘              │系统补偿  │ │辅
              │                  │模块      │ │助
              │                  └──────────┘ ┘模块
              ↓
┌─────────────┼──────────────────┐
│ ┌────────┐ ┌──────┐              │
│ │量子随机│→│ 解码 │ ・相位调制    │
│ │数发生器│ │ 调制 │ ・偏振调制    │
│ └────────┘ └──┬───┘  ……         │
│              ↓                   │
│           ┌──────┐ ・单光子探测  │
│           │ 探测 │ ・连续变量探测│
│           │ 测量 │  ……           │
│           └──┬───┘               │
│              ↓                   │
│           ┌──────┐ ・数据纠错    │
│           │后处理│ ・保密增强    │
│           └──────┘  ……           │
│ Bob                              │
└──────────────────────────────────┘
```

图 12　量子密钥分发系统组成示意图

出的量子态是弱相干态，由于泊松性质，许多弱相干脉冲实际上不包含任何光子，而每个脉冲具有一个以上光子的概率很低，但不为零。

弱相干光源是 QKD 实验中最常用的光源，其光场通常被称为相干态，通过强度衰减器衰减

到单光子级,其光子数分布满足泊松分布:

$$p(n) = \frac{\mu^n}{n!}e^{-\mu}$$

其中,n 是光子数的个数,μ 是光源的平均光子数。

如图 13 所示,当弱相干光源平均光子数较大($\mu=1$)时,产生的光脉冲有一定概率含有两个或两个以上光子,窃听者 Eve 可以通过光子数分流的办法实现攻击,而当弱相干光源平均光子数衰减到较小水平($\mu=0.1$)时,虽然多光子脉冲的比例很低,但是真空态比例的增高会影响系统的效率,因此在诱骗态 QKD 系统中,通常信号态的平均光子数为 $\mu=0.5$ 左右。

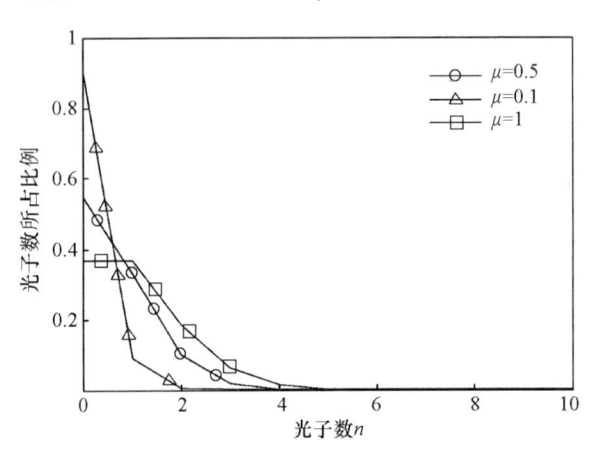

图 13 弱相干光源光子数分布示意图

（2）单光子光源（SPS）

在 QKD 协议中，理想的光源是单光子源，由于单光子不可再分，攻击者 Eve 无法对传输中的单光子采用光子数分裂攻击。理想的单光子源要求每输入一个触发信号，有且仅有一个单光子信号发射，每次发射的单光子量子态不可分辨，其作为量子态满足量子不可克隆定理，从理论上保证了系统要求的安全。在原理上通常通过激光态二能级原子向下跃迁产生，产生单光子源的方法主要有单原子方法、单分子方法、量子点方法等，但是目前单光子源产生的效率很低，同时结构也相对复杂。在实际的 QKD 系统中，通常采用弱相干光源结合诱骗态 QKD 协议来抵御光子数分流攻击，降低系统对单光子源的要求。

与衰减激光相比，采用单光子源（或更普遍的亚泊松分布的光源）更为有利，因为发射多个光子的概率更小（理论上为零）。大多数亚泊松分布光源的基础是具有特殊性质材料的光激发或泵浦（通过激光）。QKD 系统中使用的两个最突出的亚泊松源是基于（预报的）自发参数下转换（SPDC）和半导体量子点（QD）。SPDC 需要一种非线性介质将一个高能泵浦光子转换为两个低能量光子，然后检测到其中一个光子"预示"另一个光子的存在。QD 表现出类似原子的离散能级，即涉及电子的单个光学跃迁，用于实现单光子发射。

(3) 纠缠态光源

纠缠态是指复合系统的描述不能被分解成其基本组分状态。纠缠态光源的实现方式也称为参量下转换光源(PDCS)。其基本原理是一个泵浦光子经过非线性晶体后产生两个频率相同的纠缠光子,这两个光子无法分辨。近年来,PDCS也作为预报单光子源应用在预报QKD协议中。发送方通过参数下转换过程产生一对光子,一个作为信号光,另一个作为闲置光,发送方通过测量本地保留的闲置光子不仅可以确定信号光子的存在,而且可以确定其时间、波长、偏振等信息,通过这种方式实现预报QKD协议。预报单光子源原理如图14所示。

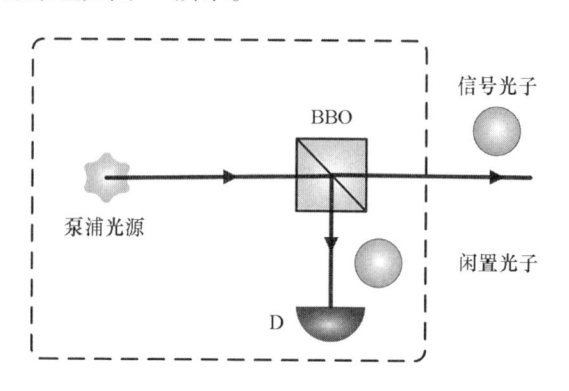

图14 预报单光子源原理示意图

2. 量子随机数发生器

随机数的应用领域很广泛，在密码学、科学计算、统计抽样等领域中扮演了重要的角色。在量子密钥分发系统中，随机数的应用随处可见，且对随机性的要求非常严格。例如发送方初始生成的密钥就是一个随机数序列，其随机性质质量的高低直接决定了最终密钥的安全性强弱。在部分协议中，调制量子态时也需要进行随机量子态的制备基和测量基的选择，基选择的随机性好坏会影响到最终密钥的安全性。

理想的二进制随机数序列的均匀分布、无周期性或者其他规律性保证了窃听者无法对密钥进行有效预测，而不能成功向前、向后预测则保证了窃听者无法使用已知数据来预测其他数据。因此，在量子密钥分发系统中，随机数越接近理想随机数，其安全性也就越高。

理想随机数，即真随机数，其实现很困难。目前根据产生原理可以将使用的随机数发生器分成两种：伪随机数发生器和物理随机数发生器。其中，伪随机数主要是利用确定性的算法和较短的随机种子序列来产生较长的随机数序列。伪随机数序列的产生完全取决于初始种子及算法，并不具备真正的随机性，不是不可预测的序列。当计算资源无限大时，通过部分数据就可以破解该种子，其安全性是无法保证的。而物理随机数是对非确定性的物理过程进行观测得到的随机数序列，是迄今为止最接近真随机数的随机数序列，也是当前密码系统产生密钥随机数的方式。物理随机数发生器根据随机数产生的噪声来源可以分为两种：一种是基于经典噪声的随机数发生器，基于物理原理分析它是伪随机的，如电子源器件的热噪声、振荡器的抖动等，在实际应用中具有一定的隐患；另一种是基于量子噪声的随机发生器，它是基于量子实际的内在随机性，是迄今唯一在理论上能够产生完全不可预知的随机数序列的随机数发生器。

量子力学的随机性有很多表现形式，如将单光子信号通过50:50的分束器方案。由于光子是光场的最小能量单位，无法再被分割，因此，一个光子经过一个分束器后，它要么透射，代表比特"0"；要么反射，代表比特"1"。当选用的分束器透射反射概率之比是精确的50:50时，此时产生的随机数序列是无偏置的、不可预测的二进制真随机数序列。随着量子随机数发生器的出现，随机性又区分为量子随机性和经典随机性。其中量子随机性源于不可预测的、测量坍缩导致的随机性或是真空扰动产生的随机噪声，是量子系统本质的非确定性；而经典随机性源于经典世界的随机性，本质上具有确定性。因此，量子随机数序列是依据量子随机现象采样的,可以达到很高的速率,具有无周期、不确定、不可预测、不可重复生成的特性。

3. 量子通信信道

与经典光通信相似,QKD 的信道主要为光纤信道和自由空间信道。

(1) 光纤信道

光纤信道一般采用标准单模光纤,量子信号光脉冲在光纤传输的过程中会出现衰减损耗,将导致编码态的退化及光脉冲中光子数的损耗,衰减损耗 t 与传输距离 l 之间的关系满足以下表达式:

$$t = 10^{\frac{-\alpha l}{10}}$$

其中,α 为光纤衰减系数,与波长相关,量子通信中常用到两个通信窗口:1310 nm($\alpha \approx 0.34$ dB/km)和 1550 nm($\alpha \approx 0.2$ dB/km)。基于光纤的量子密钥分发实验一般采用 1550 nm 波段传输量子信号态,1310 nm 波段传输经典同步光。

(2) 自由空间信道

由于受不可避免的光纤损耗等因素的影响,光纤 QKD 安全传输距离通常限制在百千米量级,仅能满足建设量子保密城域网的需要,虽然可以通过纠缠交换等方式实现量子中继,但是量子中继技术需要高保真的量子纠缠源和量子存储器,而由于在真空中光的传输没有路径损耗,大气的穿越损耗相对于光纤损耗也较小，因此利用低轨卫星作为中继，建立地面与空间平台之间的高稳定低损耗的量子信道，实现广域的 QKD，成为国际公认的实现全球覆盖的 QKD 网络的最为可行的方案。随着第一颗量子卫星"墨子号"升空，自由空间的 QKD 必将得到越来越多的研究和关注。在自由空间 QKD 中通常采用偏振编码，偏振参考系对齐是需要克服的首要问题。其次，大气湍流的影响和接收耦合的几何损耗还会造成衰减损耗的叠加，衰减损耗 t 与传输距离 l 之间的关系可以用简要的模型表示为：

$$t = \left(\frac{d_r}{d_s + D_l}\right) 10^{\frac{-\beta l}{10}}$$

其中，d_s 和 d_r 分别是发送和接收孔径，D_l 是光束的散射度，这三者用来表征自由空间光信号传输的几何损耗，β 是大气衰减系数，晴朗天空下一般 $\beta < 0.1$ dB/km。

4. 量子探测器

在 QKD 系统中，光脉冲最终发送至测量方进行探测。通信双方根据探测结果进行基比对、数据协调和隐私放大等后处理过程，判断系统的安全性、估计系统的性能参数并实现密钥分发。离散变量量子密钥分发（DV-QKD）系统常用阈值单光子探测器，而连续变量量子密钥分发（CV-

QKD）系统常用平衡零差探测器和外差探测器等。

常用的阈值单光子探测器主要包括以下几种类型：

（1）基于 APD 的单光子探测器

用作单光子探测器的 APD 也称为单光子雪崩二极管。APD 是一种在光激发下产生载流子的固态器件。由于"偏置"或施加在 APD 上的电压高于 APD 的击穿电压 Vb，因此这些载流子具有相当高的能量，并在结区电离额外的载流子。这种重复的电离事件导致了载流子的雪崩。

当施加在 APD 上的电压低于该 APD 的击穿电压时，APD 处于输出光电流与输入光强成正比的"线性模式"；当施加在 APD 上的电压高于击穿电压时，APD 处于对极低的光强度非常敏感的"盖革模式"。即使是单个光子也可以引发雪崩，从而引发载流子的流量增加形成可测量的电流，完成对光子的探测事件。

（2）超导纳米线单光子探测器

超导纳米线单光子探测器（SNSPD），由于其基于超导体材料的超高探测效率和超低暗计数性能而得到广泛关注。超导探测器的探测效率可以高达 95% 以上，由于超导体的特性使得暗计数率很低，从而可以将系统频率提高到 10GHz 左右。但是 SNSPD 要求低温控制，需要配置相应的真空泵和压缩机，因此整体体积庞大。在这种类型的探测器中，吸收元件是一种纳米线，通过电子束光刻在超导薄膜中形成图案，并在其临界电流以下偏压，这是纳米线从电阻转变为超导的行为点。如果一个进入的光子击中纳米线，它的温度就会升高，进而对电流分布造成扰动，从而产生一个快速的电压脉冲，这个脉冲可以被放大并作为计数来测量。随后，电路试图通过将电流从纳米线转移到传输线（电热反馈）来抵消增加的电阻，从而允许超导薄膜冷却。在纳米线冷却到临界温度以下的短暂时间内（称为死区时间），探测器无法进一步探测到任何的光子。此外，偏置点的选择还会影响检测效率和暗计数率。

（3）参量上转换单光子探测器

为了解决高效的基于硅基 APD 的单光子探测器不能适用于光纤 QKD 系统的缺陷，出现了参量上转换单光子探测器，通过周期性泵浦极化铌酸锂晶体（PPLN），使得频率转换到硅探测器的可用范围，使其可能应用到 GHz 量级的高速 QKD 系统中。通过增加泵浦光的强度可以提高探测效率，但同时也会增加暗计数率。

（4）相干探测器

CV-QKD 系统将信号光与本振光进行干涉后，主要采用相干探测器——零差探测器和外差探测器来测量推断量子光信号中编码的幅度和相位信息。其中，外差探测器可以由两个独立的平衡零差探测器实现。零差探测器和外差探测器的结构原理如图 15 所示。

PD: 光电二极管
LO: 本地振荡器

(a) 零差探测器

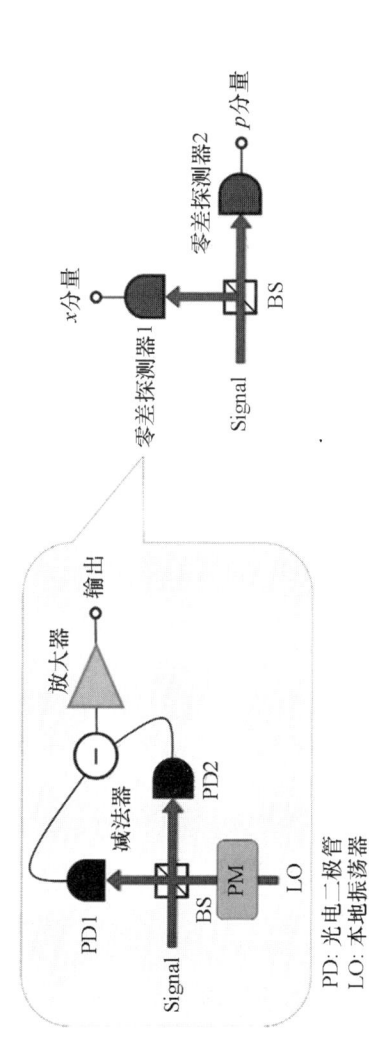

(b) 外差探测器

图15 零差探测器和外差探测器结构原理示意图

2 基于光纤信道的量子保密通信网络

单套量子保密通信系统仅能进行点对点用户间的密钥协商传输,要实现多个用户的接入和应用,必须结合组网技术构建量子保密通信网络。世界上不同国家已经针对光纤和自由空间不同信道实地构建了相应的量子保密通信的链路和网络。

美国、欧盟、日本、中国等主要国家已经建立了各国的量子保密通信网络。

1. 美国量子保密通信网络发展

美国国防高级研究计划局(DARPA)量子网络(图16)于2003年10月23日在BBN技术公司(雷神公司子公司)的实验室中全面投入使用,并于2004年6月通过暗光纤(备用光纤)部署在剑桥和波士顿的街道下,并连续运行了3年。该项目还创建并部署了世界上第一台超导纳米线单光子探测器。

2018年,美国Quantum Xchange公司建设了从华盛顿到波士顿,沿美国东海岸总长805 km的洲际商用量子密钥分发网络(图17)。该网络采用可信节点的量子密钥分发拓扑结构。

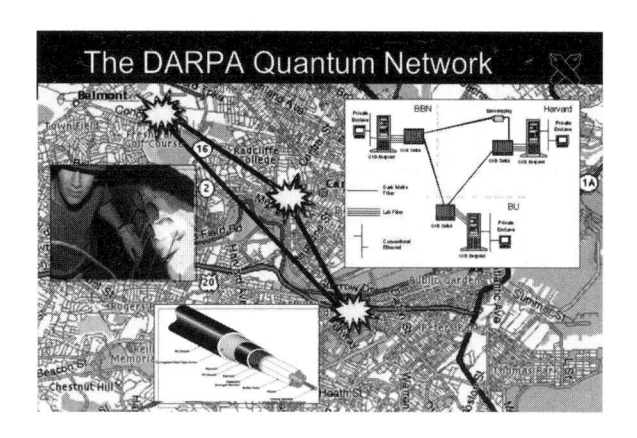

图 16　DARPA 量子网络

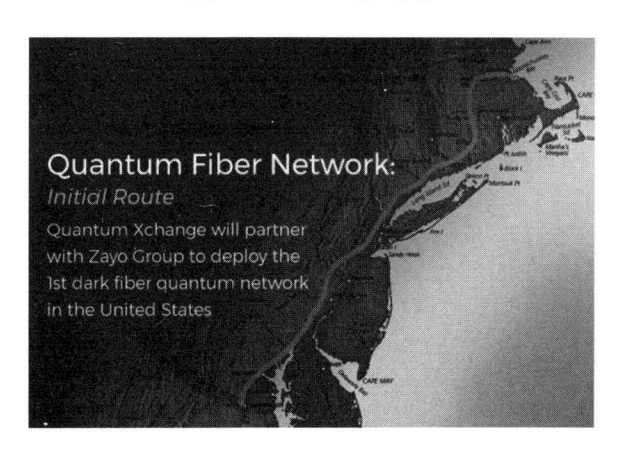

图 17　美国 Phio 洲际量子通信网络

2019 年 4 月底，Quantum Xchange 与东芝公

司合作，将 Phio 网络的容量翻了一番。东芝公司为光纤计算机网络上的加密应用提供数字密钥的原型系统 QKD，已在 Phio 网络的初始阶段演示成功。

2. 欧洲量子保密通信网络发展

欧洲基于量子密码学的安全通信（SECOQC）由英国、法国、德国、意大利等 12 个欧洲国家的 41 个伙伴小组共同设计研发，2004 年开始建设，2008 年欧盟在奥地利维也纳搭建了该网络。网络的四个主要节点是西门子大街（SIE）、埃尔德伯格草原（ERD）、古德伦街（GUD）、布莱德福特大街（BREIT），见图 18 所示，组网方案是可信中继方案，还增加了密钥存储和管理、路由和转发等功能，并通过波分复用技术实现量子信道与经典信道的并行。

3. 日本量子保密通信网络发展

2010 年，日本国家信息与通信研究院等 9 家机构联合搭建了东京量子密钥分发网络，利用可信中继方案实现了 6 节点的城域量子通信网络。东京 QKD 网络包含了 6 套不同的量子密钥分发系统，采用了诱骗态 BB84 协议、差分相移（DPS）协议等进行密钥协商，见图 19 所示。

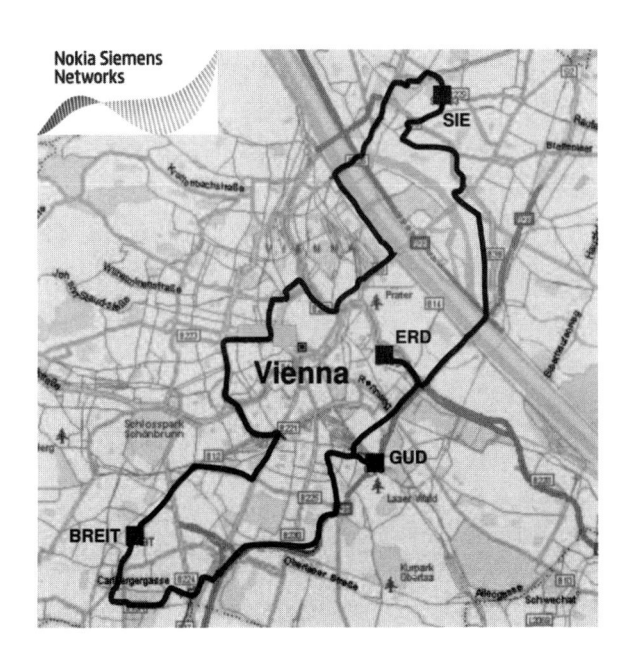

图 18　欧洲 SECOQC 网络节点分布图

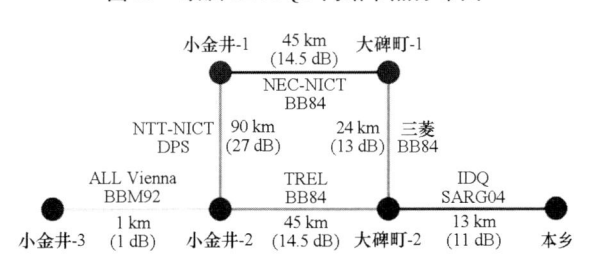

图 19　东京 QKD 网络结构示意图

4. 我国量子保密通信网络发展

我国对量子密钥分发网络的研究也取得了一系列重大进展，搭建了自己的量子密钥分发网络。自 2009 年起，我国先后建立了芜湖量子政务网、郑州量子密码网络、合肥量子电话网、济南量子保密通信网等城域量子网络。2011 年，中国科学技术大学在安徽搭建了连接合肥、芜湖、巢湖三个城市的广域量子密钥分发网络。安徽量子密钥分发网络选取诱骗态 BB84 协议，采用了可信中继方案，包含 9 个节点，如图 20 所示。

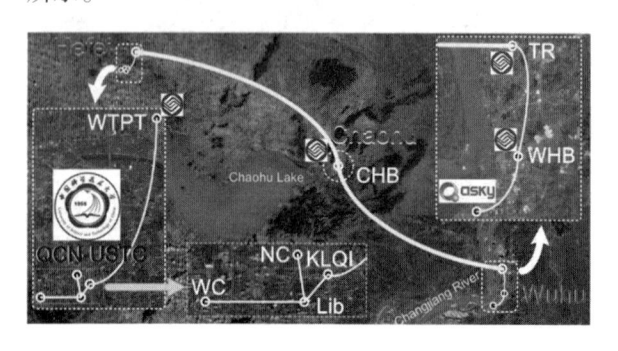

皖通邮电公司（WTPT）、电信营业厅（TR）、
芜湖分公司（WHB）、巢湖分公司（CHB）、
西校区（WC）、北校区（NC）、
量子信息重点实验室（KLQI）、图书馆（Lib）

图 20　安徽 QKD 网络节点分布图

2017年9月29日，由中国科学技术大学牵头承建的国家量子通信骨干网，世界首条量子保密通信干线——"京沪干线"正式开通。"京沪干线"由北京至上海，贯穿济南和合肥，全程传输距离达2000多千米，主要承载重要信息的保密传输，总控中心位于合肥市的中国科学技术大学先进技术研究院。

"京沪干线"实现了全线路大于20 Kbit/s的有效密钥传输速率，保障了面向上万用户业务的量子密钥分发需求。

3 基于自由空间信道的量子保密通信

除光纤信道以外，自由空间链路也正在逐步成为量子保密通信开展传输应用的方向。下面对星地自由空间量子保密通信系统与链路运行模式以及国内外开展的相关工作进行简要介绍。

1. 星地自由空间量子保密通信系统组成

星地QKD系统以传统自由光通信技术为基础，依托卫星平台装载星上QKD系统，并利用现有光学地面站所配备的定位追踪跟瞄装置（ATP）、大孔径望远镜等耦合装置共同建立传输链路实现星地QKD，其系统组成装置如图21所示。

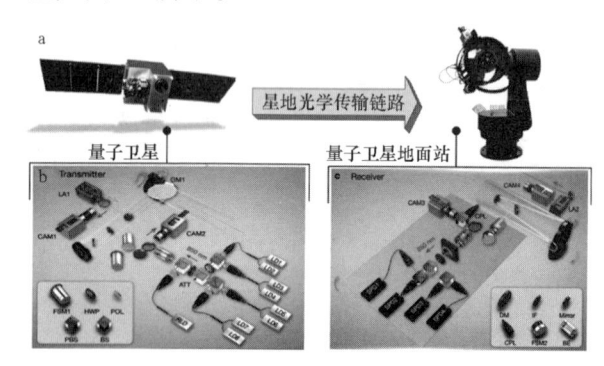

图21 星地QKD系统组成装置

（1）诱骗态QKD工作模块

类似传统诱骗态QKD系统收发送装置，发送模块设备包括850 nm波长光源（LD1—LD8）、衰减器（ATT），以及由偏振分束器（PBS）、1/2波片（HWP）和分束器（BS）等组成的偏振编码模块。接收模块设备包括单光子探测器（SPD1—SPD4）、分束器以及偏振分束器。

（2）ATP模块

粗跟踪系统由有大视场相机（CAM1）和双轴万向镜（GM1）的控制回路和电子控制反馈设备组成。相机CAM1用于检测来自卫星的532 nm信标激光（LA1），并引导地面望远镜上的671 nm信标激光器（LA2）指向量子卫星。

接收端的精跟踪系统由两个快速转向镜（FSM）、精细摄像头（CAM2）和电子控制反馈设备组成。

（3）同步定时模块

包括 GPS 系统的每秒脉冲信号（PPS）和激光器辅助同步信号。将激光器 LA1 发射的 532 nm 信标光作为辅助同步信号，与信号光一起发送。此后，分色镜（DM）将 532 nm 光束与 850 nm 信号光分开，其一路至与 SPD 相连的光耦合器，馈送到时间 – 数字转换器（TDC）中，以记录探测时间并进行后处理。

（4）望远镜等设备自由空间收发模块

收发双方各配备望远镜用于发送和接收光子。为降低光束发散角以提高链路效率，发送端的望远镜采用了双离轴抛物面结构进行准直扩束；在接收端，考虑到单模光纤中退偏效应和参考系误差对光子偏振态影响，该模块中还采用 1/2 波片和两个 1/4 波片（QWP）来进行偏振补偿。

2. 星地自由空间量子保密通信工作场景模式

利用卫星等航天器平台高仰角、广覆盖等特点建立星地传输链路可实现地面远距离用户间量子保密通信。不同于近地面自由空间 QKD 系统，星地 QKD 传输链路要成功建立连接，量子卫星应处于密钥传输窗口：一是卫星与地面站间相对俯仰角要高于最低角度限制，为 ATP 系统从发现目标到跟踪锁定预留时间；二是量子卫星应在地面站当地夜晚时间工作，即日影区，以避免太阳光等杂散光导致单光子探测过程出现严重误码，如图 22 所示。

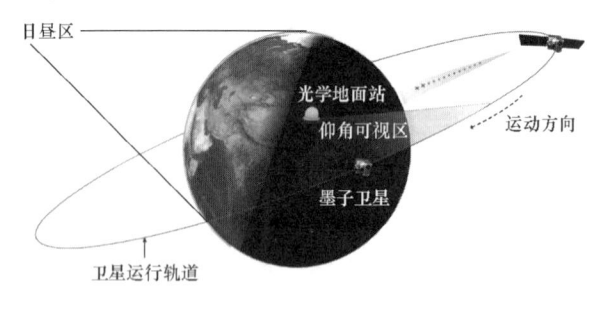

图 22 密钥传输窗口形成条件

基于低地球轨道（LEO）卫星平台的星地 QKD 系统，低轨卫星相对地面节点的高速轨道运动将使收发端的链路距离、俯仰角等相对位置关系实时变化，而在分析系统性能时需要结合轨道运动学原理进行实时参数估计。其中，卫星扮演着可信中继角色，为地面用户提供量子密钥信息的交换。根据已开展的相关实验工作和现有协议类型，星地 QKD 系统的未来工作模式场景可能包含以下六种，如图 23 所示。

（1）单下行链路传输

利用卫星平台制备量子态信号并通过光下行

(1) 单下行链路　(2) 双下行链路纠缠　(3) 单上行链路　(4) 调制回复反射镜
　　诱骗态QKD　　　　分发QKD　　　　隐形传态

(5) 基于星间链路的诱骗态QKD　　　　(6) 双上行链路MDI-QKD

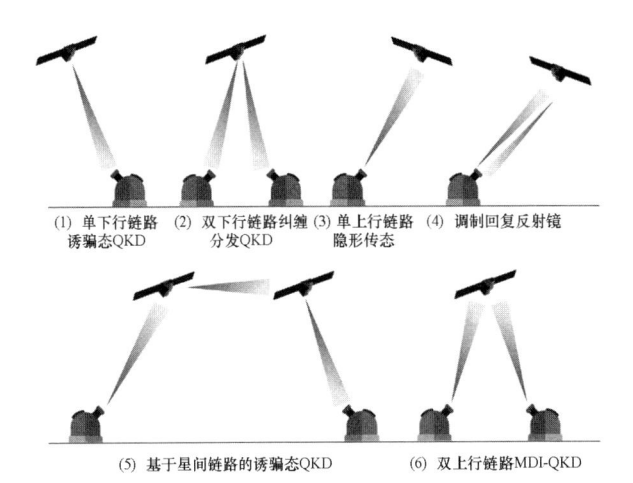

图 23　星地 QKD 工作模式

链路向地面站进行诱骗态 QKD，建立卫星（发送方）与地面用户（接收方）间的安全保密通信。此外，该方案可进一步结合异或（XOR）计算，在地面通信双方间建立配对密钥，实现远距离地面站间的安全保密通信业务扩展。

（2）双下行链路传输

通过不可信第三方量子卫星制备纠缠光子进行量子态编码，然后同时向两个地面用户分别发送光子对中的一个以实现基于纠缠分发 QKD。其中，双下行链路的建立需要满足卫星与两个地面站同时可视。

·67·

（3）单上行链路传输

以卫星为用户接收端，将地面发送端制备的量子态通过光上行链路进行传输，建立地面用户（发送方）与卫星（接收方）间的安全保密通信。

（4）卫星调制回复反射

为克服地面仰角受限和大气高损耗链路问题，场景利用卫星角反射镜等装置将地面发送端的量子态信号定向反射至另一地面接收端，实现远距离地面用户间安全通信。

（5）星间链路中继传输

场景中采用多颗量子卫星建立星间中继链路进行密钥信息交换，是跨洲际用户间进行实时量子保密通信的实现方式。此外，星间真空低损耗链路的优势也成为未来构建量子卫星星座的重要原因之一。

（6）双上行链路传输

场景中地面通信用户双方向不可信第三方量子卫星发送量子态进行贝尔态测量，以实现基于MDI-QKD协议的密钥分发方案。其中，双上行链路的建立也需要满足卫星与两个地面站同时可视，并且双上行链路中损耗等非对称性问题需要根据MDI-QKD协议的实现要求进行优化处理。

可以预见，随着未来全球量子保密通信网络业务类型的不断丰富和网络安全性要求的不断提升，星地 QKD 系统作为实现全球量子保密通信网络的核心基础，其运行方式也将需要根据业务类型进行改变和调整。然而，由于大气扰动导致的上下行损耗差异、卫星载荷受限影响星上探测效率等客观因素，系统稳定性在很大程度上还将取决于传输模式的选择，因此需要对不同的链路特性进行分析。

3. 国内星地自由空间量子保密通信

（1）"墨子号"

自 2005 年起，中国科学技术大学就在地面及空中热气球等平台开展了一系列自由空间信道传输的量子密钥分发相关实验，不断刷新传输距离的世界纪录，同时也不断突破自由空间量子密钥分发关键技术的瓶颈，为后续开展星地更长距离的量子密钥分发实验工作奠定了坚实的基础。具体开展的实验如表 2 所示。

表 2　潘建伟团队星地量子通信的代表性地面验证实验

时间	地点	实现	目的
2005 年	合肥	13 km 自由空间量子纠缠分发和量子通信	首次证明纠缠光子可有效穿过等效地球大气层而保持纠缠特性

续表

时间	地点	实现	目的
2010年	北京	16 km自由空间量子隐形传态	证实量子隐形传态穿越地球大气层的可行性
2012年	青海湖	97.6 km自由空间量子隐形传态和纠缠分发	利用水面自由空间信道对星地量子通信可行性进行全方位地面验证
2012年	青海湖	基于热气球平台及30~50dB链路衰减下诱骗态QKD	验证低轨道卫星量子通信的可行性

2011年1月25日,中国科学院启动研发包括"墨子号"等卫星在内的"4+1"战略性先导科技专项。经过不断努力,2016年8月16日,世界首颗量子科学实验卫星"墨子号"成功发射升空,标志着我国正式启动星地量子通信技术的在轨实验工作,如图24所示。

2016—2017年间,中国科学技术大学潘建伟研究团队利用量子实验科学卫星"墨子号"与我国德令哈、丽江、南山、阿里光学地面站进行量子信息技术实验验证,圆满完成了包括星地量子隐形传态、QKD、纠缠分发三大既定科学实验。

(a) 卫星载荷设计工作

(b) 2016年8月"墨子号"发射升空

图24 我国量子科学实验卫星"墨子号"

2019年,通过将"京沪干线"与"墨子号"的量子保密通信链路连通,我国科学家成功完成了从乌鲁木齐南山地面站到上海长达 4600 km 的量子保密通信实验，如图 25 所示。

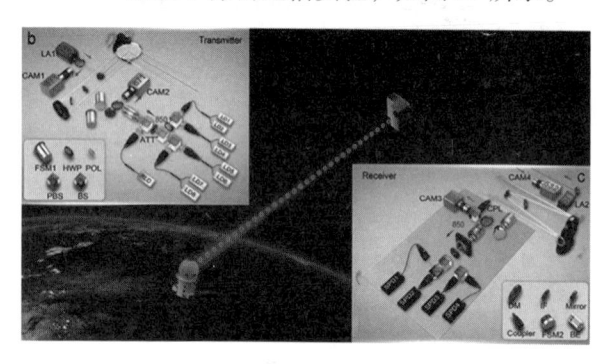

（a）卫星 - 地面的量子密钥分发

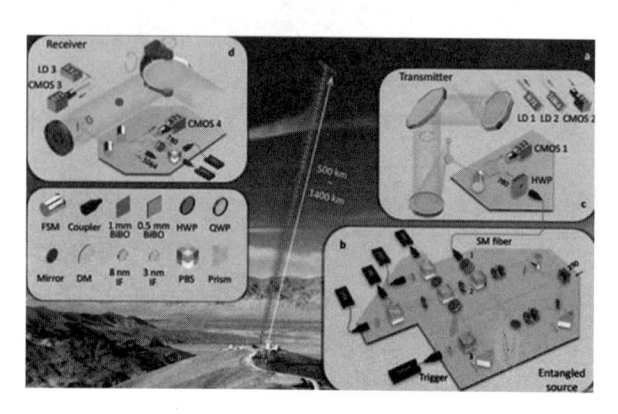

（b）地面站 - 卫星的量子隐形传态

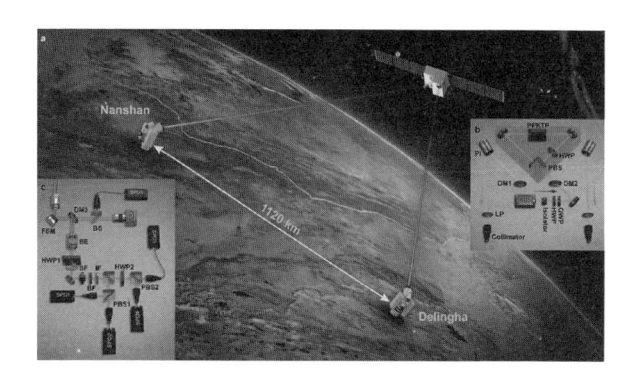

(c) 卫星-地面量子纠缠分发

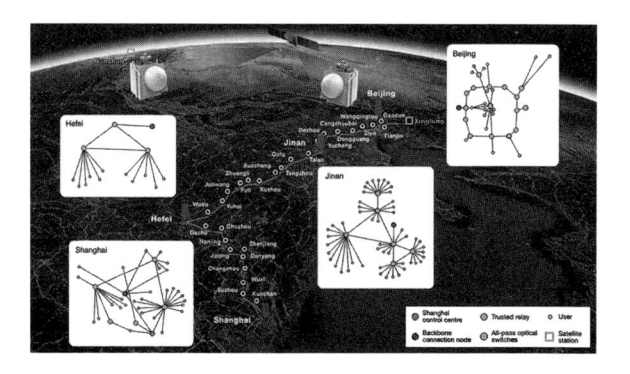

(d) "墨子号"及京沪干线组成的 4 600 km 级 QKD 网络

图 25　"墨子号"量子实验科学卫星相关实验情况

(2) "济南一号"

"济南一号"微纳量子卫星(如图 26 所示),由合肥国家实验室牵头,中国科学技术大学、济南量子技术研究院等单位联合研制，于2022年7月27日12时12分成功发射升空。"济南一号"的成功发射，实现了基于微纳卫星和小型地面站之间的实时量子密钥分发，标志着我国在构建低成本的天地一体化量子保密通信网络以及未来潜在的量子卫星组网上又迈出重要一步。

图26 "济南一号"微纳量子卫星

通过"墨子号"量子卫星的技术积累，研制"济南一号"的过程中进一步攻克了低成本小型化量子密钥分发技术、密钥实时提取技术等关键技术，将卫星质量降低至"墨子号"的1/6，通过提升光源频率的方式，将实时密钥的生成速率提升了2~3个数量级，同时将地面接收站系统小型化，以便更灵活地开展星地量子保密通信链路的搭建。

4. 国外星地自由空间量子保密通信

美国针对星地自由空间量子保密通信的相关政策及发展现状见原理篇中"美国量子通信相关政策"部分内容。本部分主要介绍其他国家面向星地自由空间的量子保密通信建设情况。

（1）欧洲

自20世纪90年代提出基于卫星的星地量子通信协议后，这一方案在英国国防评估和研究局、德国慕尼黑大学等欧盟项目的支持下开始在欧洲扎根。欧洲航天局（ESA）委托进行的两项关于星地量子通信的可行性和潜力的研究工作揭开了以量子纠缠的太空实验（Space-QUEST）项目为代表的一系列星地量子通信的研究序幕。

2008年，奥地利Zeilinger小组在La Palma岛和Tenerife岛间，分别利用弱相干脉冲诱骗态和纠缠源实现了基于Ekert91协议和BB84协议的144 km自由空间QKD，创造了近地面自由空间QKD实验最远通信距离，是自由空间QKD实验里程碑式的进展，见图27。

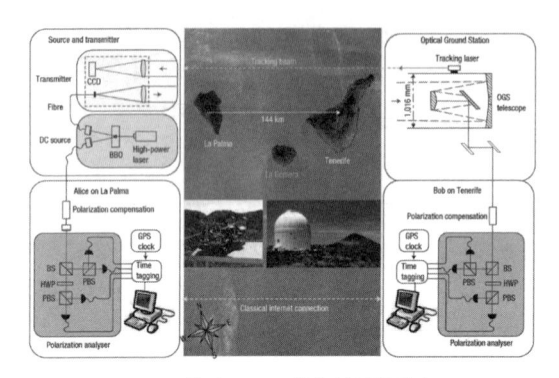

(a) 基于Ekert 91协议的纠缠分发

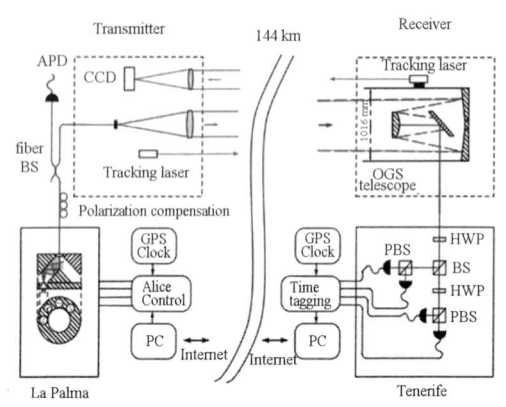

(b) 基于BB84协议的QKD

图 27 基于 Ekert91 和 BB84 协议的自由空间量子通信实验

2015 年，英国、德国、奥地利、荷兰等六国研究人员组成的研究团队提出立方星（图28）量子通信计划（CQuCoM），共同开展纳米卫星的载荷设计，为后续包括空间光子纠缠量子技术就绪实验（SpeQtre）、量子研究的立方体卫星（QUARC）、量子密钥分发实验的立方体卫星（QUBE）、纳米鲍勃（NanoBob）、Q-CubeSat量子立体卫星（Q3sat）立方星在内的任务项目制定用于QKD服务的低轨卫星载荷标准。

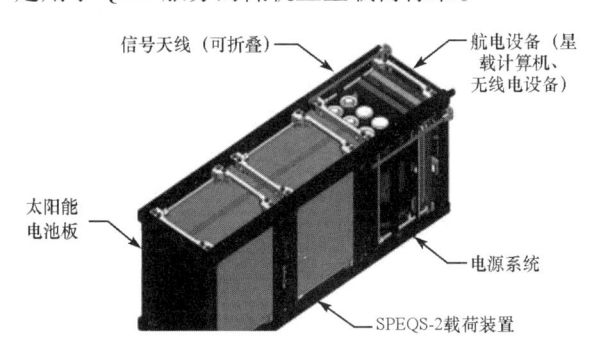

图28　CQuCoM项目立方星的设计构想

2018年，欧洲成立量子互联网联盟（QIA），宣布10年内结合地面和卫星组件为网络安全服务建立泛欧的端到端量子通信基础设施。2018年5月，依托"安全与激光通信技术"项目（ARTES ScyLight），欧洲航天局与卫星运营商SES公司首次合作开展"量子密码通信系统（QUARTZ）"项目，旨在打造空间QKD和管理平台，实现对卫星通信的安全加密。2019年6月，欧盟委员会（EC）正式宣布启动研究项目OpenQKD，旨在联合欧洲国家共同打造量子通信测试平台，迈出建立高度安全的泛欧量子通信基础设施的第一步，图29展示了泛欧量子信息产业研究机构及企业团体。

图29 泛欧量子信息产业研究机构及企业团体

在欧盟开启量子密钥分发（Open QKD）项目的大力支持下，欧洲量子生态系统得到高效发展，涌现出一大批从事空间量子信息技术相关的企业团体和应用程序开发人员。意大利、德国、英国、奥地利等国也相继宣布启动量子通信卫星发射计划。2018年，由意大利国防部资助，星载量子安全密码（SeQBO）项目计划采用12U

立方星集成微型 QKD 系统执行星地 QKD。同年，德国启动 3U 体积的立方体（3U - QUBE）量子卫星项目，计划将卫星从国际空间站部署到 400 km 的圆形轨道上，预计任务寿命为 12 个月。此外，以实现低成本安全密钥分发目标的奥地利 3U 体积的量子卫星（3U - Qsat）计划和采用立方体卫星中所容纳最大望远镜孔径的法国 12U 体积的量子卫星——纳米鲍勃（12U - NanoBob）计划也在同年如期推进。2020 年，英国开启了英国量子技术中心（UK QC Hub）项目，目前计划于 2025 年中发射 12U 体积的立方体卫星（12U - CubeSat）量子通信卫星，以实现从空间到地面的 QKD，如图 30 所示。

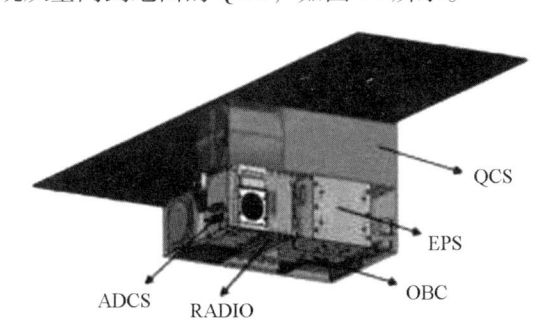

(a) 意大利SeQBO项目卫星载荷方案

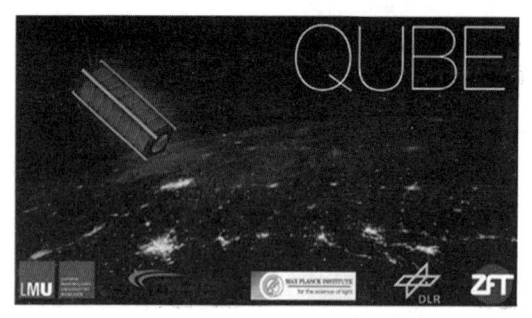

(b) 德国3U-QUBE项目概念图

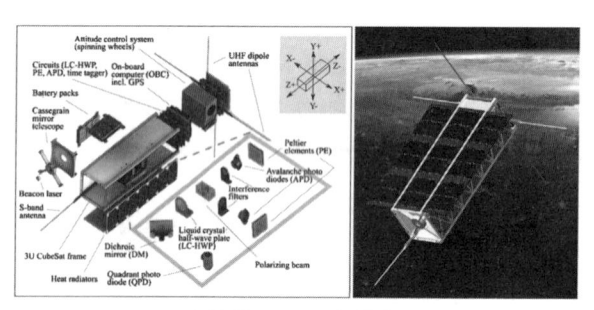

(c) 奥地利3U-Qsat卫星载荷示意

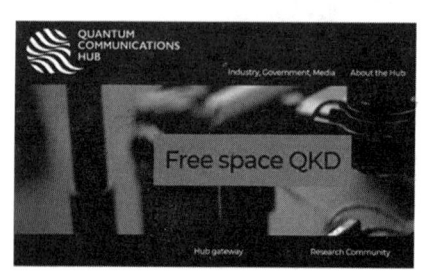

(b) 英国UK QC Hub项目

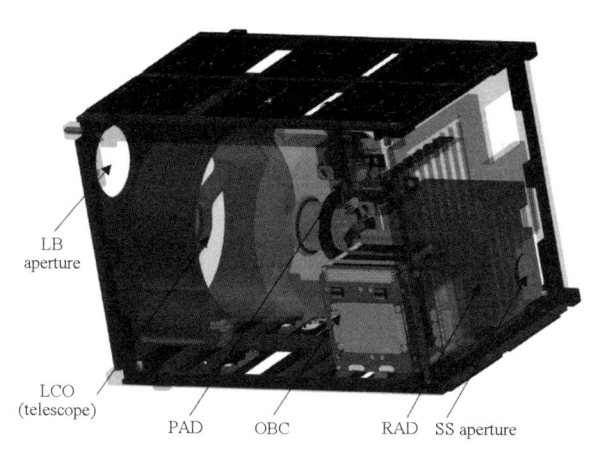

(e) 法国12U-NanoBob卫星载荷结构

图30 欧洲空间量子通信立方星项目计划

2021年7月,欧盟委员会与27个成员国签署协议开展欧洲量子通信设施(Euro-QCI)量子技术驱动网络项目研究。该项目联合欧洲航天局和空客集团,计划通过卫星与地面光缆来分配加密密钥,以覆盖欧盟成员国和外围地区,加强政府机构、空中交通管制、医疗设施、银行等部门的安全通信,确保整个泛欧关键基础设施安全。

可以看到,随着过去十几年来量子技术领域研究的不断推进和积累,欧盟相关研究团队在地面演示和试验平台的开发上取得了巨大进展,星地量子通信也逐步开始从前期的技术验证迈向工程化实践阶段。

(2)加拿大

2016年,加拿大政府宣布开展量子通信卫星项目研究,着力打造基于卫星平台量子保密通信网络,为政府、企业等部门业务提供实时基于量子密钥的加密保障。在加拿大国防研究与发展局(DRDC)和加拿大航天局(CSA)共同资助下,滑铁卢大学量子计算研究所(IQC)研究人员开展了关于星地量子通信的可行性验证工作。2016年6月,Jennewein研究团队成员完成了基于实验飞机TwinOtter移动平台的机载自由空间可行性验证实验,如图31(a)所示。此后,加拿大继续加大量子信息项目资助力度。2019年,加拿大航天局宣布由霍尼韦尔公司承担建造量子加密与科学卫星QEYSSat,以验证采用量子技术来保护商业和国家通信网络的可行性,如图31(b)所示。

(3)新加坡

新加坡致力于建立量子加密卫星连接,并积极寻求国际合作。2019年2月,新加坡国立大学与英国卢瑟福-阿普尔顿实验室(RAL Space)联合启动了SpeQtre星地量子通信项目(图32),分阶段发射量子卫星,用以测试加密密钥在全球范围内的安全分发。

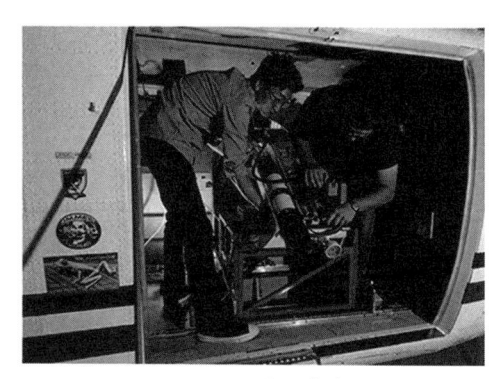

(a) TwinOtter飞机及实验人员

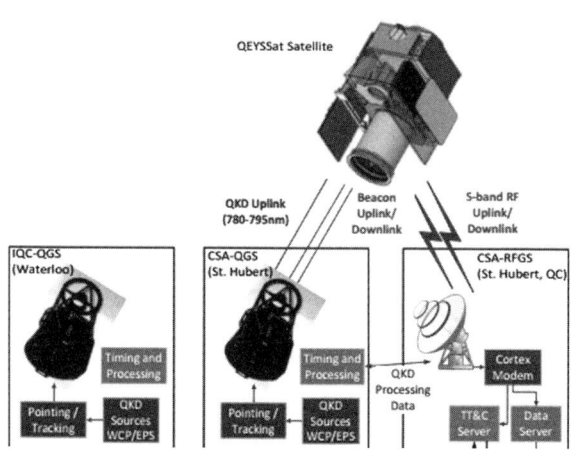

(b) QEYSSat系统结构

图 31　加拿大星地量子通信发展情况

作为 SpeQtre 项目的前期部分，2020 年新加坡成功发射的纳米卫星 SpooQy-1，演示了在距地球 400 km 的 2.6 kg 纳米卫星上的量子纠缠制

(a) SpeQtre 星地量子通信卫星概念图

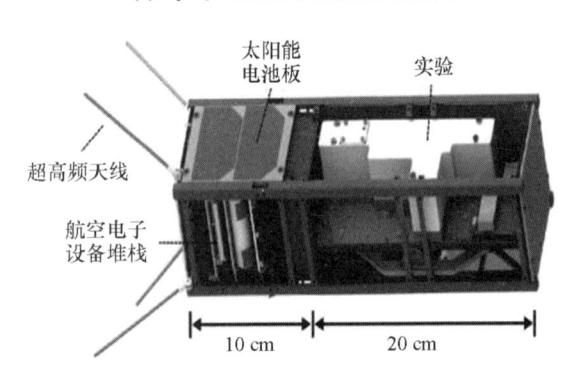

(b) SpooQy-1 纳米卫星的载荷结构

图 32　新加坡的星地量子通信典型项目

（4）日本

作为最早开展量子信息研究的国家之一，日本也专注于星载 QKD 实验平台低成本和小型化的发展。2017 年 9 月，日本信息通信研究机构称，成功利用搭载 QKD 实验装置的 50 kg 的光通信先进技术卫星（SOCRATES）（如图 33），以 10 000 Kbit/s 的速率向地面站发射光脉冲，并进行了卫星和东京都小金井市间光子单位的信息传送，验证了传统星地激光通信系统扩展至量子探测的极限。但从实验过程来看，并非实际意义上的 QKD。

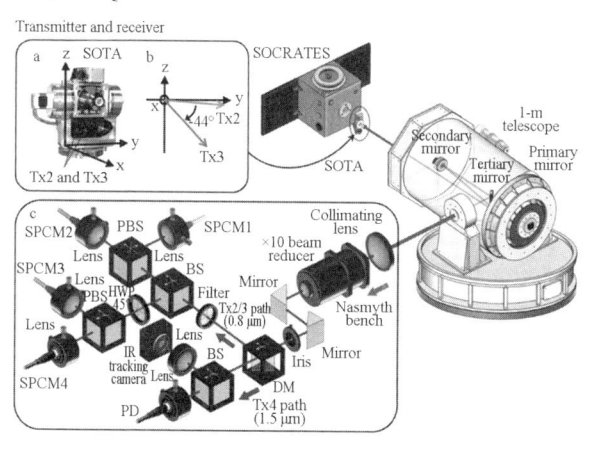

图 33 SOCRATES 微型卫星结构图

测 试 题

1 基础物理原理及相关概念

1. 光子是_____的载体，而在量子场论中被认为是_____的媒介子。光子电荷为_____，静止质量为_____，以_____运动，并具有_____、_____、_____。

2. 光子具有_____，双缝干涉实验里展示出_____，在光电效应实验里展示出_____。

3. 一个体系的一个可能状态，用数学表达式表示出来，即为 $|\Psi\rangle = c_1|\Psi_1\rangle + c_2|\Psi_2\rangle + c_3|\Psi_3\rangle + \cdots + c_n|\Psi_n\rangle$，其中 c_1，c_2，c_3，$\cdots$，c_n 是复数，$|\Psi_n\rangle$ 是某力学量的本征函数所描写的本征态，根据态叠加原理，如果 $\sum_n |c_n|^2 = 1$，则系统处于 $|\Psi_n\rangle$ 状态的概率为_____。

4. 微观粒子具有_____。波函数的统计解释是_____的一个表现。

5. 若信源符号有 n 种取值：U_1，U_2，$\cdots$，U_n，对应概率分别为：P_1，P_2，$\cdots$，P_n，且各种符号的出现彼此独立。这时，信源的信息熵为_____，单位为_____，为信息量的最小单位。

6. 在量子计算中，作为量子信息单位的是

· 88 ·

_____。从物理上来说，_____就是量子态，因此，其具有量子态的属性。

7. 若二维 Hilbert 空间的基矢为 $|0\rangle$ 和 $|1\rangle$，则量子比特可表示为_____，其中_____为复数，且满足_____。因此，量子比特既可以处于_____，也可以处于_____，还可以处于这两个态的叠加态_____，其中以概率_____处于_____，以概率_____处于_____。若要获得准确结果必须_____该量子比特。

8. 高阶量子比特也可成为复合量子比特，其一般表示形式为：_____，n 量子位复合量子比特可表示为 2^n 项之和。

2 量子密钥分发协议及安全性

1. BB84 协议是 1984 年由_____和_____提出的量子密钥分发协议，也是第一个量子密钥分发协议。

2. BB84 协议使用_____编码，在偏振编码下可以选择_____两个偏振态，和_____两个偏振态。这样四个态通常被称为 BB84 态。

3. 典型的量子黑客攻击方式有：相位重映射攻击、时移攻击、_____、_____。

4. BB84 协议下，针对 QKD 系统的探测器效率不匹配安全漏洞，Eve 可采取如下伪态攻击：

（1）若测得的结果是 0，则在 t_0 时刻发送另一组基下的_____态给 Bob；

（2）若测得的结果是 1，则在 t_1 时刻发送另一组基下的_____态给 Bob。

此时，Eve 有一定的概率得到 Bob 的测量结果。

5. 弱相干光源的光子数分布服从_____，其中存在不可忽略的_____。对于，窃听者 Eve 可以采取_____来窃听。

6. 为了解决光子数分离攻击的难题，科学家提出了_____。Alice 随机制备_____的弱相干脉冲，其中一种为信号态用于_____，其余的为_____。

7. 在 GG02 协议中初始时没有对真空态进行_____，因此不论 Bob 测量哪个分量，原则上噪声的大小都是_____的，因此 Bob 每一个测量结果都要保留。

8. GG02 协议中发送方 Alice 初始制备的不再是_____，而是直接使用_____，因此不需要进行压缩态方向的选择。而且，Alice 的平移操作不再是针对某一个方向进行，而是对_____和_____方向都进行平移。接收方 Bob 的测量方式同样使用_____，需要随机地选择测量哪一个分量。

3 量子通信系统组成及网络

1. 依据理想单光子探测器的参数，能否区分入射光子数这一指标，可以将单光子探测器进行分类：光子数为_____探测器、光子数_____探测器。

2. 目前，单光子产生技术主要有_____、_____单个原子方法、单分子方法。

3. 在量子密钥分发系统中，随机数的应用随处可见。例如发送方初始生成的密钥就是一个_____，其随机性质质量的高低直接决定了最终密钥的安全性强弱。在部分协议中，调制量子态时也需要进行随机量子态的_____和___的选择，基选择的_____会影响到最终密钥的安全性。

4. 目前使用的随机数发生器根据其产生原理，主要有两种：_____和_____。

5. 当单光子信号通过的分束器透射反射概率之比是精确的50∶50时，此时产生的随机序列是无偏置的、不可预测的二进制_____。随着量子随机数发生器的出现，随机性又区分为____和_____。

6. 量子随机性源于不可预测的、_____导致的随机性或是_____产生的随机噪声，是量子系统本质的非确定性；而经典随机性源于_____的随机性，本质上具有_____。

7. 量子随机序列是依据量子随机现象采样的，可以达到很高的速率，具有无周期、不确定、_____、_____生成的特性。

8. 与光通信相类似，量子密钥分发系统的传输也主要是在_____和_____。

9. 单模光纤在实际通信中有着广泛应用。其中，_____光通信波段光纤的损耗最低，分别为_____dB/km，是量子密钥分发系统信道更好的选择。

10. 2003 年，由美国 BBN 公司、哈佛大学和波士顿大学联合搭建了_____量子密钥分发网络，采用_____协议进行密钥协商，选取_____的中继方案组网。

11. 2008 年，欧盟在奥地利维也纳建立了_____量子密钥分发网络，组网方案是_____方案，还增加了_____、_____等功能，并通过_____技术实现量子信道与经典信道的并行。

12. 2010 年，日本国家信息与通信研究院等 9 家机构联合搭建了_____网络，利用_____方案实现了 6 节点的_____量子通信网络，该网络包含了_____套不同的量子密钥分发系统。

13. 2011 年,中国科学技术大学在安徽搭建了连接_____、_____、_____三个城市的广域 QKD 网络。安徽 QKD 网络选取_____协议,采用了_____方案,包含 9 个节点。

14. 2017 年 9 月 29 日,由中国科学技术大学牵头承建的国家量子通信骨干网,世界首条量子保密通信干线——_____正式开通。_____由北京至上海,贯穿济南和合肥,全程传输距离达_____多千米,主要承载重要信息的保密传输,总控中心位于合肥市中国科学技术大学先进技术研究院,并通过北京接入点实现与_____量子科学卫星的连接,是实现覆盖全球的量子保密通信网络的重要基础。

参 考 答 案

1 基础物理原理及相关概念

1. 电磁辐射;电磁相互作用;零;零;光速;能量;动量;质量
2. 波粒二象性;波动性;粒子性
3. $|c_n|^2$
4. 波粒二象性;波粒二象性
5. $H(U) = -\sum_{i=1}^{n} P_i \log P_i$;比特
6. 量子比特;量子比特
7. $|\psi\rangle = \alpha|0\rangle + \beta|1\rangle$;$\alpha$,$\beta$;$|\alpha|^2 + |\beta|^2 = 1$;$|0\rangle$;$|1\rangle$;$\alpha|0\rangle + \beta|1\rangle$;$|\alpha|^2$;$|0\rangle$;$\beta^2$;$|1\rangle$;测量
8. $|\psi\rangle = \alpha_0|00\cdots0\rangle + \alpha_1|00\cdots1\rangle + \cdots + \alpha_{2^n-1}|11\cdots1\rangle$

2 量子密钥分发协议及安全性

1. Charles H. Bennett;Gilles Brassard
2. 两组非正交基矢的单光子;水平垂直基矢;对角基矢

3. 伪态攻击；探测致盲攻击

4. 1；0

5. 泊松分布；多光子成分；多光子成分；光子数分离攻击

6. 诱骗态协议；多种不同光强的相位随机化；产生密钥；诱骗态

7. 压缩；相同

8. 压缩真空态；真空态；x；p；零差探测

3 量子通信系统组成及网络

1. 不可区分；可区分
2. 激光衰减方法；量子点方法
3. 随机数序列；制备基；测量基；随机性好坏
4. 伪随机数发生器；物理随机数发生器
5. 真随机数序列；量子随机性；经典随机性
6. 测量坍缩；真空扰动；经典世界；确定性
7. 不可预测；不可重复
8. 自由空间；光纤信道
9. 1310/1550 nm；0.34/0.2
10. DARPA；相位编码 BB84；光开关
11. SECOQC；可信中继；密钥存储和管理；路由和转发；波分复用
12. 东京量子密钥分发；可信中继；城域；6
13. 合肥；芜湖；巢湖；decoy – BB84；可信中继
14. "京沪干线"；"京沪干线"；2000；"墨子号"

参 考 文 献

[1] SHANNON C E. A mathematical theory of communication [J]. Bell system technical journal,1948,27(7):623-657.
[2] SHANNON C E. Communication theory of secrecy systems [J]. Bell system technical journal,1949,28(4):656-715.
[3] VERNAM G S. Cipher printing telegraph systems for secret wire and radio telegraphic communications [J]. Transactions of the american institute of electrical engineers (AIEE),1926,55:109-115.
[4] DIFFIE W,HELLMAN M E. New directions in cryptography [J]. IEEE Transactions on information theory,1976,22(6):644-654.
[5] RIVEST R L,SHAMIR A,ADLEMAN L M. A method for obtaining digital signatures and public-key cryptosystems[J]. Communications of the ACM,1978,21(2):120-126.

[6] SHOR P W. Algorithms for quantum computation: discrete logarithms and factoring [C]. Proceedings of the 35th Annual Symposium on Foundations of Computer Science. Los Alamitos: IEEE, 1994:124-134.

[7] BENNETT C H, BRASSARD G. Quantum cryptography: public key distribution and coin tossing [C]. Proceeding of the IEEE International Conference on Computers, System and Signal Processing. New York: IEEE,1984:175-179.

[8] HUGHES R, BUTTLER W, KWIAT P, et al. Quantum cryptography for secure free-space communications [J]. Proceedings of SPIE- The International Society for Optical Engineering,1999:3615.

[9] 韩益亮.多变量公钥密码进展[J].信息技术与网络安全,2021,40(08):1-8,16.

[10] 刘小平,陈欣,吕凤先.基础前沿交叉领域进展与趋势[J].世界科技研究与发展,2019,41(01):44-52.

[11] 樊矾,魏世海,杨杰,等.量子保密通信技术综述[J].中国电子科学研究院学报,2018,13(03):356-362.

[12] HEISENBERG W. On the descriptive content of quantum kinetics and mechanics [J]. Z. phys,1927,43(3 - 4):172 - 198.

[13] COZZOLINO D, DA L B, BACCO D, et al. High-Dimensional quantum communication: benefits, progress, and future challenges [J]. Advanced quantum technologies, 2019, 2(12):1900038.

[14] EINSTEIN A, PODOLSKY B, ROSEN N. Can quantum-mechanical description of physical reality be considered complete? [J]. Physical review, 1935, 47(10): 777 - 780.

[15] SCULLY M O, ZUBAIRY M S. Quantum optics [M]. Cambridge: Cambridge University Press,1999.

[16] YUE P, AN J, ZHANG J, et al. On the security of LEO satellite communication systems: vulnerabilities, countermeasures, and future trends [EB/OL]. https://arxiv.org/abs/2201.03063.

[17] LUTKENHAUS N. Security against individual attacks for realistic quantum key distribution [J]. Physical review A, 2000, 61(5):052304.

[18] TITTEL W, RIBORDY G, GISIN N. Quantum cryptography [J]. Physics world, 1998,11(3):41.

[19] BRASSARD G, LUTKENHAUS N, MOR T, et al. Limitations on practical quantum cryptography [J]. Physical review letters, 2000,85(6):1330.

[20] GOTTESMAN D, LO H K, LUTKENHAUS N, et al. Security of quantum key distribution with imperfect devices [C]. International Symposium on Information Theory, 2004. ISIT 2004. Proceedings, IEEE, 2004:136.

[21] JAIN N, ANISIMOVA E, KHAN I, et al. Trojan-horse attacks threaten the security of practical quantum cryptography [J]. New journal of physics, 2014, 16(12):123030.

[22] FUNG C H F, QI B, TAMAKI K, et al. Phase-remapping attack in practical quantum-key-distribution systems [J]. Physical review A, 2007, 75(3):032314.

[23] LI H W, WANG S, HUANG J Z, et al. Attacking a practical quantum-key-distribution system with wavelength-dependent beam-splitter and multiwavelength sources [J]. Physical review A, 2011, 84

(6):062308.

[24] ZHAO Y, FUNG C H F, QI B, et al. Quantum hacking: Experimental demonstration of time-shift attack against practical quantum-key-distribution systems [J]. Physical review A, 2008, 78(4):042333.

[25] MAKAROV V, ANISIMOV A, SKAAR J. Effects of detector efficiency mismatch on security of quantum cryptosystems [J]. Physical review A,2006,74(2):022313.

[26] SAJEED S, CHAIWONGKHOT P, BOURGOIN J P, et al. Security loophole in free-space quantum key distribution due to spatial-mode detector-efficiency mismatch [J]. Physical review A, 2015, 91(6):062301.

[27] WEIER H, KRAUSS H, RAU M, et al. Quantum eavesdropping without interception: an attack exploiting the dead time of single-photon detectors [J]. New journal of physics,2011,13(7):073024.

[28] WIECHERS C, LYDERSEN L, WITTMANN C, et al. After-gate attack on a quantum cryptosystem [J]. New journal of physics,

2011,13(1):013043.

[29] LYDERSEN L, JAIN N, WITTMANN C, et al. Superlinear threshold detectors in quantum cryptography[J]. Physical review A,2011,84(3):032320.

[30] MAKAROV V, HJELME D R. Faked states attack on quantum cryptosystems[J]. Journal of modern optics,2005,52(5):691-705.

[31] LYDERSEN L, WIECHERS C, WITTMANN C, et al. Hacking commercial quantum cryptography systems by tailored bright illumination[J]. Nature photonics,2010,4(10):686-689.

[32] BUGGE A N, SAUGE S, GHAZALI A M M, et al. Laser damage helps the eavesdropper in quantum cryptography[J]. Physical review letters,2014,112(7):070503.

[33] KURTSIEFER C, ZARDA P, MAYER S, et al. The breakdown flash of silicon avalanche photodiodes-back door for eavesdropper attacks?[J]. Journal of modern optics,2001,48(13):2039-2047.

[34] GERHARDT I, LIU Q, LAMAS-LINARES A, et al. Full-field implementation of a

perfect eavesdropper on a quantum cryptography system [J]. Nature communications, 2011, 2(1):349.

[35] HUGHES R, NORDHOLT J. Refining quantum cryptography [J]. Science, 2011, 333(6049):1584-1586.

[36] HWANG W Y. Quantum key distribution with high loss: toward global secure communication[J]. Physical review letters, 2003, 91(5):057901.

[37] MA X, QI B, ZHAO Y, et al. Practical decoy state for quantum key distribution [J]. Physical review A, 2005, 72(1):012326.

[38] WANG X B. Beating the photon-number-splitting attack in practical quantum cryptography [J]. Physical review letters, 2005, 94(23):230503.

[39] LO H K, CURTY M, QI B. Measurement-device-independent quantum key distribution [J]. Physical review letters, 2012, 108(13):130503.

[40] LUCAMARINI M, YUAN Z L, DYNES J F, et al. Overcoming the rate-distance limit of quantum key distribution without quantum repeaters [J]. Nature, 2018, 557 (7705):

400-403.

[41] GROSSHANS F, GRANGIER P. Continuous variable quantum cryptography using coherent states[J]. Physical review letters, 2002,88(5):057902.

[42] 郭弘,李政宇,彭翔. 量子密码[M]. 北京: 国防工业出版社,2016.

[43] EISAMAN M D, FAN J, MIGDALL A, et al. Invited review article: Single-photon sources and detectors [J]. Review of scientific instruments,2011,82(7):071101.

[44] HERRERO-COLLANTES M, GARCIA-ESCARTIN J C. Quantum random number generators[J]. Reviews of Modern Physics, 2017,89(1):015004.

[45] AMBROSIO V D, CARVACHO G, GRAFFITTI F, et al. Entangled vector vortex beams [J]. Physical review A, 1994:030304.

[46] HADFIELD R H. Single-photon detectors for optical quantum information applications [J]. Nature photonics, 2009, 3 (12): 696-705.

[47] POPPE A, PEEV M, MAURHART O. Outline of the SECOQC quantum-key-

distribution network in Vienna [J]. International journal of quantum information, 2008, 6(02):209 - 218.

[48] SASAKI M, FUJIWARA M, ISHIZUKA H, et al. Field test of quantum key distribution in the Tokyo QKD network[J]. Optics express, 2011, 19(11):10387 - 10409.

[49] WANG S, CHEN W, YIN Z Q, et al. Field and long-term demonstration of a wide area quantum key distribution network[J]. Optics Express, 2014, 22(18):21739 - 21756.

[50] LIAO S K, CAI W Q, LIU W Y, et al. Satellite-to-ground quantum key distribution [J]. Nature, 2017, 549(7670):43 - 47.

[51] PENG C Z, YANG T, BAO X H, et al. Experimental free-space distribution of entangled photon pairs over 13 km: towards satellite-based global quantum communication[J]. Physical review letters, 2005, 94(15):150501(1 - 4).

[52] JIN X M, WANG J, YANG B, et al. Experimental free-space quantum teleportation[J]. Nature photonics, 2010, 4 (6):376 - 381.

[53] YIN J, REN J G, LU H, et al. Quantum

teleportation and entanglement distribution over 100-kilometre free-space channels[J]. Nature, 2012, 488(7410): 185 - 188.

[54] WANG J Y, YANG B, SHENGKAI L, et al. Direct and full-scale experimental verifications towards ground-satellite quantum key distribution [J]. Nature photonics, 2013, 7(5): 387 - 393.

[55] WANG J, XU P, YONG H L, et al. Ground-to-satellite quantum teleportation [J]. Nature, 2017, 549(7670): 70 - 73.

[56] Yin J, Cao Y, Li Y H, et al. Satellite-based entanglement distribution over 1200 kilometers[J]. Science, 2017, 356(6343): 1140 - 1144.[2]

[57] CHEN Y A, ZHANG Q, CHEN T Y, et al. An integrated space-to-ground quantum communication network over 4,600 kilometers[J]. Nature, 2021, 589(7841): 214 - 219.

[58] ASPELMEYER M, JENNEWEIN T, PFENNIGBAUER M, et al. Long-distance quantum communication with entangled photons using satellites[J]. IEEE Journal of Selected topics in quantum electronics,

2003,9:1541-1551.

[59] RARITY J, TAPSTER P, GORMAN P, et al. Ground to satellite secure key exchange using quantum cryptography [J]. New journal of physics,2002,4:82.

[60] URSIN R, JENNEWEIN T, KOFLER J, et al. Space-QUEST: Experiments with quantum entanglement in space [J]. Europhysics News,2009,40:26-29.

[61] SCHMITT-MANDERBACH T, WEIER H, FURST M, et al. Experimental demonstration of free-space decoy-state quantum key distribution over 144km[J]. Physical review letters,2007,98:010504.

[62] URSIN R, TIEFENBACHER F, SCHMITT-MANDERBACH T, et al. Entanglement-based quantum communication over 144 km [J]. Nature Physics,2007,3:481-486.

[63] OI D, LING A, VALLONE G, et al. CubeSat quantum communications mission [J]. EPJ Quantum technology,2017,4:6.

[64] CORALINE D, SAMUEL T. The preliminary thermal design for the speqtre cubesat[EB/OL]. (2020-07-12)[2024-4-15] [3]. https://ttu-ir. tdl. org/bitstream/

handle/2346/86436/ICES - 2020 - 167. pdf? sequence = 1&isAllowed = y.

[65] MAZZARELLA L, LOWE C, LOWNDES D, et al. QUARC: Quantum research cubesat—a constellation for quantum communication [J]. Cryptography, 2020, 4:7.

[66] HABER R, GARBE D, SCHILLING K, et al. Qube-A cubesat for quantum key distribution experiments [EB/OL]. (2018 - 03 - 09) [2024 - 05 - 16]. https://digitalcommons. usu. edu/cgi/viewcontent. cgi? filename = 0&article = 4081&context = smallsat&type = additional.

[67] KERSTEL E, GARDELEIN A, BARTHELEMY M, et al. Nanobob: A Cubesat Mission Concept For Quantum Communication Experiments In An Uplink Configuration [J]. EPJ Quantum technology, 2018, 5.

[68] NEUMANN S, JOSHI S, FINK M, et al. Quantum communication uplink to a 3u cubesat: feasibility & design [J]. EPJ Quantum technology, 2017, 5.

[69] WEHNER S, ELKOUSS D, HANSON R. Quantum internet: a vision for the road ahead

[J]. Science,2018,362:eaam9288.

[70] TOYOSHIMA M. Recent Trends in Space Laser Communications for Small Satellites and Constellations [C]. 2019 IEEE International Conference on Space Optical Systems and Applications (ICSOS), 2019: 1-5.

[71] MARKUS P. Esa and ses-led consortium to develop satellite-based cybersecurity [EB/OL]. (2018-05-02) [2024-05-10]. https://www. ses. com/press-release/esa-and-ses-led-consortium-develop-satellite-based-cybersecurity.

[72] WOODROW B III. OpenQKD Fuels european quantum computing research, potential in aerospace [EB/OL]. (2019-12-02) [2024-06-09]. https://www. aviationtoday. com/2019/12/02/openqkd-fuels-european-quantum-computing-research-potential-aerospace/.

[73] Quantum Communications Hub. Satellite quantum key distribution for space [EB/OL]. (2020-01-09) [2024-06-16]. https://www. quantumcommshub. net/wp-content/uploads/2020/09/QCH-Satellite-

Quantum-Key-Dist-for-Space. pdf.

[74] European Commisson. All member states now committed to building an eu quantum communication infrastructure [EB/OL]. (2021) [2024]. https://digital-strategy. ec. europa. eu/en/news/all-member-states-now-committed-building-eu-quantum-communication-infrastructure.

[75] RAINBOW J. Europe picks EuroQCI satellite quantum communications consortium [EB/OL]. (2021 - 06 - 01) [2024 - 06 - 21]. https://spacenews. com/europe-picks-euroqci-satellite-quantum-communications-consortium/.

[76] RAINBOW J. SES spearheading quantum technology encryption network for Luxembourg[EB/OL]. (2021 - 07 - 16) [2024 - 06 - 25]. https://spacenews. com/ses-spearheading-quantum-technology-encryption-network-for-luxembourg/.

[77] University of Waterloo. IQC researcher awarded CSA contract to advance crucial technology for future quantum space mission [EB/OL]. (2016 - 06 - 25) [2024 - 06 - 28]. https://uwaterloo. ca/institute-for-

quantum-computing/news/iqc-researcher-awarded-csa-contract-advance-crucial.

[78] PUGH C J, KAISER S, BOURGOIN J P, et al. Airborne demonstration of a quantum key distribution receiver payload [J]. Quantum science and technology, 2017, 2(2):024009.

[79] Government of Canada. Quantum encryption and science satellite (qeyssat) [EB/OL]. (2020 - 09 - 03) [2024 - 06 - 22]. https://www.asc-csa.gc.ca/eng/satellites/qeyssat.asp.

[80] VILLAR A, LOHRMANN A, BAI X, et al. Entanglement demonstration on board a nano-satellite [J]. Optica, 2020, 7(7): 734 - 737.

[81] TAKENAKA H, CARRASCO-CASADO A, FUJIWARA M, et al. Satellite-to-ground quantum-limited communication using a 50-kg-class microsatellite [J]. Nature photonics, 2017, 11:502 - 508.